U0187712

· *The Nature of The Chemical Bond* ·

鲍林一生对化学的贡献很多，对年轻一代化学家的影响巨大。他把一个以现象学描述为主的学科，转变为一个以扎实的结构和量子力学原理为基础的学科。我们尊鲍林为20世纪最伟大的化学家。

——佩鲁茨

（英国著名晶体学家和分子生物学家，
1962年诺贝尔化学奖得主）

在过去的100年，化学和其他科学的发明创造，改变了世界的性质，发展了我们的现代文明。我希望在今后的100年内的发展，可以使我们更接近于达到这样一个世界，在那里每一个人都能过着幸福的生活，并尽可能地摆脱痛苦。

——鲍林

科学元典丛书·学生版

The Series of the Great Classics in Science

主　　编　任定成

执行主编　周雁翎

策　　划　周雁翎

丛书主持　陈　静　张亚如

科学元典是科学史和人类文明史上划时代的丰碑，是人类文化的优秀遗产，是历经时间考验的不朽之作。它们不仅是伟大的科学创造的结晶，而且是科学精神、科学思想和科学方法的载体，具有永恒的意义和价值。

化学键的本质

·学生版·

（附阅读指导、数字课程、思考题、阅读笔记）

[美] 鲍林（Linus Pauling） 著

卢嘉锡 黄耀曾 曾广植 陈元柱 等 译校

著作权合同登记号　图字 01-2020-1624

图书在版编目(CIP)数据

化学键的本质：学生版/(美) 鲍林著；卢嘉锡等译.—北京：北京大学出版社，2021.4

（科学元典丛书）

ISBN 978-7-301-31953-6

Ⅰ. ①化…　Ⅱ. ①鲍…②卢…　Ⅲ. ①化学键—青少年读物　Ⅳ. ①O641.1-49

中国版本图书馆 CIP 数据核字（2021）第 005128 号

书　　名	化学键的本质（学生版） HUAXUEJIAN DE BENZHI（XUESHENG BAN）
著作责任者	［美］鲍林 著　卢嘉锡　黄耀曾　曾广植　陈元柱 等 译校
丛书主持	陈　静　张亚如
责任编辑	陈　静
标准书号	ISBN 978-7-301-31953-6
出版发行	北京大学出版社
地　　址	北京市海淀区成府路 205 号　100871
网　　址	http://www.pup.cn　新浪微博：@北京大学出版社
微信公众号	科学元典（微信公众号：kexueyuandian）
电子信箱	zyl@pup.pku.edu.cn
电　　话	邮购部 010-62752015　发行部 010-62750672 编辑部 010-62707542
印 刷 者	北京中科印刷有限公司
经 销 者	新华书店 787 毫米×1092 毫米　32 开本　7.125 印张　100 千字 2021 年 4 月第 1 版　2023 年 4 月第 2 次印刷
定　　价	38.00 元

弁 言

Preface to the Series of the Great Classics in Science

任定成

中国科学院大学 教授

一

改革开放以来，我国人民生活质量的提高和生活方式的变化，使我们深切感受到技术进步的广泛和迅速。在这种强烈感受背后，是科技产出指标的快速增长。数据显示，我国的技术进步幅度、制造业体系的完整程度，专利数、论文数、论文被引次数，等等，都已经排在世界前列。但是，在一些核心关键技术的研发和战略性产品的生产方面,我国还比较落后。这说明,我国的技术进步赖以依靠的基础研究,亟待加强。为此,我国政府和科技界、教育界以及企业界,都在不断大声疾呼,要加强基础研究、加强基础教育!

那么,科学与技术是什么样的关系呢?不言而喻,科学是根,技术是叶。只有根深,才能叶茂。科学的目标是发现新现象、新物质、新规律和新原理,深化人类对世界的认识,为新技术的出现提供依据。技术的目标是利用科学原理,创造自然界原本没有的东西,直接为人类生产和生活服务。由此,科学和技术的分工就引出一个问题:如果我们充分利用他国的科学成果,把自己的精力都放在技术发明和创新上,岂不是更加省力?答案是否定的。这条路之所以行不通,就是因为现代技术特别是高新技术,都建立在最新的科学研究成果基础之上。试想一下,如果没有训练有素的量子力学基础研究队伍,哪里会有量子技术的突破呢?

那么,科学发现和技术发明,跟大学生、中学生和小学生又有什么关系呢?大有关系!在我们的教育体系中,技术教育主要包括工科、农科、医科,基础科学教育主要是指理科。如果我们将来从事科学研究,毫无疑问现在就要打好理科基础。如果我们将来是以工、农、医为业,现在打好理科基础,将来就更具创新能力、发展潜力和职业竞争力。如果我们将来做管理、服务、文学艺术等看似与科学技术无直接关系的工作,现在打好理科基础,就会有助于深入理解这个快速变化、高度技术化的社会。

我们现在要建设世界科技强国。科技强国"强"在哪里?不是"强"在跟随别人开辟的方向,或者在别人奠定的基础上,做一些模仿性的和延伸性的工作,并以此跟别人比指标、拼数量,而是要源源不断地贡献出影响人类文明进程的原创性成果。这是用任何现行的指标,包括诺贝尔奖项,都无法衡量的,需要培养一代又一代具有良好科学素养的公民来实现。

二

我国的高等教育已经进入普及化阶段,教育部门又在扩大专业硕士研究生的招生数量。按照这个趋势,对于高中和本科院校来说,大学生和硕士研究生的录取率将不再是显示办学水平的指标。可以预期,在不久的将来,大学、中学和小学的教育将进入内涵发展阶段,科学教育将更加重视提升国民素质,促进社会文明程度的提高。

公民的科学素养,是一个国家或者地区的公民,依据基本的科学原理和科学思想,进行理性思考并处理问题的能力。这种能力反映在公民的思维方式和行为方式上,而不是通过统计几十道测试题的答对率,或者统计全国统考成绩能够表征的。一些人可能在科学素养测评卷上答对全部问题,但经常求助装神弄鬼的“大师”和各种迷信,能说他们的科学素养高吗?

曾经,我们引进美国测评框架调查我国公民科学素养,推动“奥数”提高数学思维能力,参加“国际学生评估项目”(Programme for International Student Assessment,简称 PISA)测试,去争取科学素养排行榜的前列,这些做法在某些方面和某些局部的确起过积极作用,但是没有迹象表明,它们对提高全民科学素养发挥了大作用。题海战术,曾经是许多学校、教师和学生的制胜法宝，但是这个战术只适用于衡量封闭式考试效果，很难说是提升公民科学素养的有效手段。

为了改进我们的基础科学教育，破除题海战术的魔咒，我们也积极努力引进外国的教育思想、教学内容和教学方法。为了激励学生的好奇心和学习主动性，初等教育中加强了趣味性和游戏手段，但受到“用游戏和手工代替科学”的诟病。在中小学普遍推广的所谓“探究式教学”，其科学观基础，是20世纪五六十年代流行的波普尔证伪主义，它把科学探究当成了一套固定的模式，实际上以另一种方式妨碍了探究精神的培养。近些年比较热闹的STEAM教学，希望把科学、技术、工程、艺术、数学融为一体，其愿望固然很美好，但科学课程并不是什么内容都可以糅到一起的。

在学习了很多、见识了很多、尝试了很多丰富多彩、眼花缭乱的“新事物”之后，我们还是应当保持定力，重新认识并倚重我们优良的教育传统：引导学生多读书，好读书，读好书，包括科学之书。这是一种基本的、行之有效的、永不过时的教育方式。在当今互联网时代，面对推送给我们的太多碎片化、娱乐性、不严谨、无深度的瞬时知识,我们尤其要静下心来,系统阅读,深入思考。我们相信,通过持之以恒的熟读与精思,一定能让读书人不读书的现象从年轻一代中消失。

三

科学书籍主要有三种:理科教科书、科普作品和科学经典著作。

教育中最重要的书籍就是教科书。有的人一辈子对科学的了解,都超不过中小学教材中的东西。有的人虽然没有认真读过理科教材,只是靠听课和写作业完成理科学习,但是这些课的内容是老师对教材的解读,作业是训练学生把握教材内容的最有效手段。好的学生,要学会自己阅读钻研教材,举一反三来提高科学素养,而不是靠又苦又累的题海战术来学习理科课程。

理科教科书是浓缩结晶状态的科学,呈现的是科学的结果,隐去了科学发现的过程、科学发展中的颠覆性变化、科学大师活生生的思想,给人枯燥乏味的感觉。能够弥补理科教科书欠缺的,首先就是科普作品。

学生可以根据兴趣自主选择科普作品。科普作品要赢得读者,内容上靠的是有别于教材的新材料、新知识、新故事;形式上靠的是趣味性和可读性。很少听说某种理科教科书给人留下特别深刻的印象,倒是一些优秀的科普作品往往影响人的一生。不少科学家、工程技术人员,甚至有些人文社会科学学者和政府官员,都有过这样的经历。

当然,为了通俗易懂,有些科普作品的表述不够严谨。在讲述科学史故事的时候,科普作品的作者可能会按照当代科学的呈现形式,比附甚至代替不同文化中的认识,比如把中国古代算学中算法形式的勾股关系,说成是古希腊和现代数学中公理化形式的“勾股定理”。除此之外,科学史故事有时候会带着作者的意识形态倾向,受到作者的政治、民族、派别利益等方面的影响,以扭曲的形式出现。

科普作品最大的局限,与教科书一样,其内容都是被作者咀嚼过的精神食品,就失去了科学原本的味道。

原汁原味的科学都蕴含在科学经典著作中。科学经典著作是对某个领域成果的系统阐述,其中,经过长时间历史检验，被公认为是科学领域的奠基之作、划时代里程碑、为人类文明做出巨大贡献者，被称为科学元典。科学元典是最重要的科学经典，是人类历史上最杰出的科学家撰写的，反映其独一无二的科学成就、科学思想和科学方法的作品，值得后人一代接一代反复品味、常读常新。

科学元典不像科普作品那样通俗，不像教材那样直截了当，但是，只要我们理解了作者的时代背景，熟悉了作者的话语体系和语境，就能领会其中的精髓。历史上一些重要科学家、政治家、企业家、人文社会学家，都有通过研读科学元典而从中受益者。在当今科技发展日新月异的时代，孩子们更需要这种科学文明的乳汁来滋养。

现在，呈现在大家眼前的这套“科学元典丛书”，是专为青少年学生打造的融媒体丛书。每种书都选取了原著中的精华篇章，增加了名家阅读指导，书后还附有延伸阅读书目、思考题和阅读笔记。特别值得一提的是，用手机扫描书中的二维码，还可以收听相关音频课程。这套丛书为学习繁忙的青少年学生顺利阅读和理解科学元典，提供了很好的入门途径。

四

据 2020 年 11 月 7 日出版的医学刊物《柳叶刀》第 396 卷第 10261 期报道，过去 35 年里，19 岁中国人平均身高男性增加 8 厘米、女性增加 6 厘米，增幅在 200 个国家和地区中分别位列第一和第三。这与中国人近 35 年营养状况大大改善不无关系。

一位中国企业家说，让穷孩子每天能吃上二两肉，也许比修些大房子强。他的意思，是在强调为孩子提供好的物质营养来提升身体素养的重要性。其实，选择教育内容也是一样的道理，给孩子提供高营养价值的精神食粮，对提升孩子的综合素养特别是科学素养十分重要。

理科教材就如谷物，主要为我们的科学素养提供足够的糖类。科普作品好比蔬菜、水果和坚果，主要为我们的科学素养提供维生素、微量元素和矿物质。科学元典则是科学素养中的“肉类”，主要为我们的科学素养提供蛋白质和脂肪。只有营养均衡的身体,才是健康的身体。因此,理科教材、科普作品和科学元典,三者缺一不可。

长期以来,我国的大学、中学和小学理科教育,不缺"谷物"和"蔬菜瓜果",缺的是富含脂肪和蛋白质的"肉类"。现在,到了需要补充"脂肪和蛋白质"的时候了。让我们引导青少年摒弃浮躁,潜下心来,从容地阅读和思考,将科学元典中蕴含的科学知识、科学思想、科学方法和科学精神融会贯通,养成科学的思维习惯和行为方式,从根本上提高科学素养。

我们坚信,改进我们的基础科学教育,引导学生熟读精思三类科学书籍,一定有助于培养科技强国的一代新人。

2020 年 11 月 30 日

北京玉泉路

目　录

下篇　学习资源

上　篇

阅读指导

Guide Readings

在科学与和平的道路上

回忆我的恩师鲍林

化学键的本质是怎样被揭示的

在科学与和平的道路上

金吾伦

（中国社会科学院哲学研究所　研究员）

邢润川

（山西大学科学技术哲学研究中心　教授）

从小立志献身化学

莱纳斯·鲍林(L. Pauling)，1901年2月28日出生在美国俄勒冈州波特兰市。父亲是一位药剂师。小鲍林年幼好学、聪颖机敏，他很小就注意到父亲的药柜里的那些药粉、药膏等制剂，父亲告诉他这些都是化学药品。鲍林惊叹于化学药品的魔力，竟能治愈病人。父亲在向他介绍药物知识时，并没有意识到自己的儿子将成为一位伟大的化学家。他在鲍林9岁时就不幸去世了，但他对鲍林后来走上化学研究的道路起到了潜移默化的作用。

11岁那年的一天,鲍林到他的同学杰弗里斯(L. A. Jeffress)家去玩。杰弗里斯在自己家中的实验室里做一些化学实验给鲍林看。他把氯酸钾与糖混合,然后加入几滴浓硫酸。这个反应会产生蒸气和碳,并且作用极其强烈。这个实验在今天看来是十分简单、十分平常了。然而,在那时却给鲍林留下极为深刻的印象,使他惊奇得出了神。几种物质放在一起,竟会出现这样奇特的现象;一种化学物质能变成另一种性质明显不同的物质。"它使我意识到在我周围的世界还有另一类变化存在",鲍林在回忆当时的情景时说道。自此以后,鲍林那幼小的心灵中就萌生了对化学的热爱。

鲍林还得到一位实验室仪器保管员的帮助。这位保管员给他提供一些简单的仪器和药品。他父亲的朋友又给他一些化学药品,并教给他用药杀死昆虫制作标本的知识。鲍林这时已经知道可以用硫酸处理某些化学药品。这样,鲍林很小就有了一些初步的化学知识。

当鲍林升入高中时,他经常到实验室去做实验。

他已经深深地爱上了化学，决心献身于化学事业。此外，他对物理、数学也很感兴趣。他关心周围的事物，细心观察各种现象。13岁时，有一天鲍林打着伞在路上走，突然他通过伞看到一条弧形的彩色光带，并注意到通过伞面上的线缝衍射产生的光谱。他还注意到光线通过玻璃的折射现象，但并不了解这些现象背后的原因。这也使他产生了兴趣，试图寻找光谱的起源。

1917年，鲍林考取了俄勒冈农学院化学工程系。他认为，学工程正是他实现梦想成为化学家的理想途径。但那时，鲍林的家境不佳，母亲生着病，把家里所有的钱都花光了。鲍林只得通过各种办法谋生，甚至中途实在难以为继而辍学了。当他再回俄勒冈农学院后，他一边读书，一边当定量分析教师的助手，最后的两个学期还教化学系二年级一个班的化学课。尽管条件这样困难，鲍林还是如饥似渴地读化学书籍和近期出版的化学杂志，深入钻研路易斯(G. N. Lewis)和朗缪尔(I. Langmuir)发表的关于分子的电子结构的论文。如果说少年时期他还只是迷惑于神秘的现象，现在他已开始思考起隐藏在化学反应背后的本质、思考起物质结构的奥秘了。路易斯和朗缪尔的论文,提出了化学键的电子理论,解释了共价键的饱和性,明确了共价键的特点,在化学发展史上具有重要作用,把化学结构理论推向了一个新阶段。

另外,鲍林还留心原子物理学的发展,他试图了解物质的物理和化学性质与组成它们的原子和分子结构的关系。他从深入思考颜色、磁等方面的性质中,逐渐感觉到有可能用化学键来解释物质的结构和性质。

1922年,鲍林从俄勒冈农学院毕业,获化学工程理学学士学位。

打下坚实的基础

加州理工学院盖茨化学实验室主任诺伊斯(A. Noyers)教授,特别重视人才的培养。诺伊斯教授是当时物理化学和分析化学的权威,曾培养出许多著名的化学家,在教学上被誉为“在美国没有哪位化学教师能像他那样鼓励学生去热爱化学”。中国著名化学家张子高就是他培养出来的学生。才气横溢的鲍林于1922年进入加州理工学院当研究生时，诺伊斯教授立即就发现了这棵破土而出的壮苗。

诺伊斯教授告诉鲍林，不能满足于教科书上的简单知识，除了学习指定的物理化学课程外，还应当大量阅读补充读物。诺伊斯把他与人合写的《化学原理》一书在出版前的校样给鲍林，要求鲍林把第一章到第九章的全部习题都做一遍。鲍林利用假期按诺伊斯的要求做了，从中学到了许多物理化学的基本知识，打下了深厚的基础。

诺伊斯教授又把鲍林推荐给学识渊博的著名科学家迪金森（R. Dickinson）。迪金森曾在卡文迪什实验室学习过放射化学技术，回美国后，在帕萨迪那（Pasadena，加州理工学院所在地）从事X射线测定晶体结构的研究，于1920年获加州理工学院的第一个哲学博士学位。诺伊斯建议鲍林在迪金森指导下做晶体结构测定。当时，X射线衍射法已提供了大量关于结构和关于原子间距离及键角等资料，人们甚至已经开始讨论原子为什么会以这样一些方式结合在一起的问题。鲍林由于早年读过朗缪尔关于分子结构的论文，也读过布拉格(W. L. Bragg)论 X 射线与晶体结构的文章,正在思考这个问题,所以,这个研究课题正合鲍林的心意。鲍林就在迪金森指导下利用 X 射线做结构测定的研究工作。几经挫折和失败,他终于通过各个步骤而胜利完成了辉钼矿 MoS_2 晶体的全测定工作。

第一次研究的成功,给了鲍林巨大的信心和力量,也使鲍林受到了严格的技术训练和全面的基础培养。迪金森头脑清晰,思想深邃,治学态度严谨,非常厌恶粗心和浅薄。他对鲍林严格要求。他在培养鲍林做结构测定过程中,教给他许多书本上学不到的知识。研究微观世界与宏观世界的方法不同,见不到、摸不着,需要借助理论思维,需要靠一系列的逻辑论证,这使鲍林了解到科学方法和逻辑思维的力量,认识到在经验事实材料基础上做出理论概括、揭示物质世界的内在本质的重要性。

后来,鲍林又得益于物理化学和数学物理学教授托尔曼(R. C. Tolman)的指导。托尔曼教授知识渊博,对物理学的新进展有透彻的了解,他相信可以应用物理方法来解决许多复杂的化学问题。他特别重视基本原理,并应用先进的热力学和统计力学以解决物理学和化学问题。他把数学物理学课程介绍给物理化学研究班，鲍林正好在这个研究班学习。这使鲍林克服了物理学和数学知识的不足，从而为后来运用量子力学新成就来解决复杂的化学结构问题提供了重要条件。

1925 年，鲍林以出色的成绩获得加州理工学院哲学博士学位。在此期间，鲍林还做了一些化学问题的研究，他试图建立起一种化学理论，建立一种与经验事实相符并能用以解释经验事实的关于物质本性的理论。他在晶体结构研究中还创立了一种科学方法，按鲍林的解释，就是通过猜测而求得真理的方法。他指出，我们可以而且应该运用逻辑推理方法从晶体的性质推断它的结构，依据晶体的结构又可预见晶体的其他性质。应该说，这是鲍林在自己的科学实践中总结出来的科学方法，具有重要的方法论意义。

鲍林崭露头角，赢得了老师们的赞誉。迪金森就认为，他自己在晶体结构研究方面也许不会有多大成就，但他肯定鲍林的工作是有价值的。

赴欧洲深造,名师指点

20 世纪第一个年头,普朗克(M. Planck)提出了革命性的量子假说。没过多久,爱因斯坦(A. Einstein)运用量子理论成功地解释了光电效应。玻尔(N. Bohr)在 1913 年把量子理论运用于解释原子结构,提出了著名的玻尔原子模型。在此期间,劳厄(Max V. Laue)和布拉格父子使 X 射线成了研究晶体结构的有力的实验工具,用 X 射线衍射方法测定晶体结构工作获得巨大成功。索末菲(A. Sommerfeld)在 X 射线线谱的精细结构研究方面做出了许多重要贡献。到了 20 世纪 20 年代,德布罗意(L. de Broglie)提出了物质波假说,指出微观粒子具有波粒二象性。海森伯(W. Heisenberg)和薛定谔(E. Schrödinger)分别利用不同的数学形式表达微观粒子的运动,从而创立了新的量子力学。上述这些重要科学成就,预示着为应用量子理论和量子力学攻破复杂的化学结构问题打开大门的条件日益成熟了。

鲍林正是在这个不平常的科学大变革时期,渴望解决物质结构和化学键的本质问题而赴欧洲向名师求教的。1925 年他获得博士学位以后曾给玻尔写信，请求玻尔同意他到哥本哈根跟随玻尔做研究工作，玻尔没有给他答复。接着，鲍林给在慕尼黑的索末菲写信，索末菲教授很快复信同意鲍林去慕尼黑。于是鲍林于 1926 年 2 月去欧洲。他在索末菲那里度过了紧张而愉快的一年。索末菲的出色讲演，深深地吸引了鲍林，为鲍林的研究展示了更为宽广的道路。随后，鲍林又到玻尔实验室工作了几个月，接着又到瑞士苏黎世，跟随薛定谔和德拜（P. Debye）做研究工作，听他们的讲演，并且开始研究用量子力学解决化学键问题的可能性。

1927 年，鲍林从欧洲返回加州理工学院，担任理论化学助理教授，除了讲授量子力学及其在化学中的应用外，还教晶体结构、化学键的本质和物质电磁性质理论等课程。1930 年春夏，鲍林再度赴欧，到布拉格实验室学习 X 射线技术，随后又到慕尼黑学习电子衍射技术。回美国后不久，鲍林就被加州理工学院任命为教授。

玻尔、薛定谔、布拉格、德拜和索末菲这些大科学家都是当时站在科学前沿的人，他们具有高深的科学素养,同时又能洞察科学发展的趋势和规律,了解并熟悉科学发展的生长点。名师出高徒,鲍林正是在这些名师指点下,摸清了当时科学发展的脉络,找到了化学所面临的突破口。加之,他受到了严格的科学训练,学到了这些大科学家搞研究工作的思想方法和工作方法,这就使他后来有可能把量子力学运用到化学中去,解决分子结构和化学键本质中的重大难题。此外,他还掌握了 X 射线、电子衍射等先进技术,这使他后来在蛋白质结构研究中做出了卓越的贡献。

化学上的杰出贡献

19 世纪关于物质的组成所提出的经典结构理论,只是定性地解释了化学现象和经验事实。随着电子的发现,量子力学的创立以及像 X 射线衍射等先进物理方法被应用于化学研究,现代结构化学理论逐步建立了起来,并且得到了很快的发展。到了 20 世纪 30 年代初期,关于化学键的新理论被提出来了,其中之一就是价键理论。

价键理论是在处理氢分子成键的基础上建立起来的。这个理论认为，原子在化合前有未成对的电子，这些未成对电子，如果自旋是反平行的，则可两两结合成电子对，这时原子轨道重叠交盖，就生成一个共价键；一个电子与另一个电子配对以后就不能再与第三个电子配对；原子轨道的重叠愈多，则形成的共价键就愈稳定。这种价键理论解决了基态分子的饱和性问题，但对有些实验事实却不能解释。例如，在 CH_4 中，碳原子基态的电子层结构有两个未成对的电子，按照价键理论只能生成两个共价键，但实验结果表明 CH_4 却是正四面体结构。

为了解释 CH_4 是正四面体结构，说明碳原子 4 个键的等价问题，鲍林提出了杂化轨道理论。杂化轨道理论是从电子具有波动性，波可以叠加的观点出发，认为碳原子和周围电子成键时，所用的轨道不是原来纯粹的 s 轨道或 p 轨道，而是 s 轨道和 p 轨道经过叠加混杂而得到“杂化轨道”。根据他的杂化轨道理论，就可以很好地解释 CH_4 中碳四面体结构的事实，同时还满意地解释其他事实，包括解释络离子的结构。鲍林提出的杂化轨道理论对化学的发展起了很大的作用。

鲍林在20世纪30年代初期所提出的共振理论在现代分子结构理论发展中曾起过重要的作用,在化学界有着重要的地位。价键理论对于用一个价键结构式来表示的分子是很合适的,但对于用一个结构式不能表示其物理化学性质的某些分子时,价键理论就不行了,例如共轭分子。像苯分子,若用经典的凯库勒(Kekulé)结构式表示就出现了困难。按凯库勒结构式,苯环中应有3个双键,应该可以起典型的双键加成作用,但实际却起取代作用,这说明苯环中并不存在典型的双键,它具有"额外"的稳定性。为了解决价键理论与上述实验事实不相符合的困难,鲍林用了海森伯在研究氦原子(最简单的多电子原子)问题时对量子力学交换积分所作的共振解释,用了海特勒(Heitler)和伦敦(London)在研究氢分子(最简单的多电子分子)问题时从单电子波函数线性变分法所得到的近似解法,用电子在键连原子核间的交换(即"电子共振")来阐明电子在化学键生成过程中的具体成键作用,利用键在若干价键结构之间的"共振"来解释共轭现象和新结构类型,如苯分子是共振于五个价键结构之间。

鲍林认为苯分子的真实基态不能用五个结构的任何一个表示,却可以用这些结构的组合来描述。这一理论解释了苯分子的稳定性,与实验事实很好地相符。

鲍林的共振论,在认识分子和晶体的结构和性质以及化学键的本质方面,曾起过相当重要的作用。由于它直观易懂,一目了然,在化学教学中易被接受,所以受到化学工作者的欢迎。在20世纪三四十年代它在化学中居于统治地位,至今仍在化学教材中被采用。共振论把原有的价键理论向前推进了一步。

共振论出现在化学从经典结构理论向现代结构理论研究转变的时期,具有把二者融合在一起的特点,虽然它未能正确揭示出化学键的本质,却是化学结构理论在一定历史发展阶段中提出的一种学术观点和理论。

作为一种科学假说,它的是非问题完全可以通过实践检验和学术上的自由讨论来解决。但是,20世纪50年代初期,苏联学术界却对共振论大加鞭挞。把共振论称作马赫主义和机械主义。苏联科学院还召开规模较大的全国化学结构理论讨论会,对之进行讨伐。在苏联曾经赞同过共振论的化学工作者均受到批判,相关图书被禁止出版。这场批判也波及中国,曾经有一段时期,人们把共振论当作有机化学中的唯心论加以批判。

然而,作为化学家的鲍林,一方面认为共振论与经典结构理论一样都是假设性的,因此说明有机结构是有其局限性的;另一方面,他坚信自然科学上的是非必然会由自然科学自身的发展作出判决,对不适当地使用行政手段粗暴干预自然科学的做法,抱鄙视态度。他在《结构化学和分子生物学五十年的进展》一文中回顾了苏联对他的共振论的批判。他认为,这种出于"意识形态或哲学领域里的强烈批判"是步李森科的后尘。李森科为了满足个人的欲望,而提倡抛弃现代遗传学。苏联化学家为了某种意识形态的需要企图抛弃现代化学。然而正如他在结尾中所指出的:"过去五十年的全部经验,包括在合理的原则基础上关于对世界的不断加深的理解,已经使我们抛弃一切教义、天启和独断主义。从科学的进步中得出的新世界观的最大贡献将是由理性代替教义、天启和独断主义,这种贡献甚至比对医学或对技术的贡献更大。"

历史的发展已经证明鲍林所持的态度是正确的。苏联科学院的领导人后来也承认，过去对鲍林及其共振论的粗暴批评“没有促进工作的进展，而是使科学家比较快地离开了这个科学领域”，那种批判是“没有根据地给现代化学发展中有巨大意义的量子论概念和量子力学方法投上了阴影”“不公平地根本怀疑共振论创始人的全部研究的科学价值”。共振论是一种科学理论，绝不是哲学上的唯心主义流派，那种给自然科学理论武断地扣上政治的或哲学的帽子，并施之以棍棒的做法是极端有害于科学的发展的。

鲍林除了上述成就以外，还独创性地提出了一系列的原子参数和键参数概念，如共价半径、金属半径、电负性标度、离子性等。这些概念的应用不仅对化学，而且对固体物理等领域都有重要作用。他在科学研究中所运用的科学方法也具有同样的价值。此外，鲍林还在1932年就预言了惰性气体可以与其他元素化合而形成新化合物。这一预言在当时是非常大胆、非常出色的。因为根据玻尔等人的原子模型，惰性气体原子最外层电子恰好被八个电子所填满，已形成了稳固的电子壳层，不能再与别的元素化合。然而,鲍林根据量子力学理论指出,较重的惰性气体可能会和那些特别容易接受电子的元素形成化合物。这一预言到 1962 年被加拿大化学家柏特勒特(N. Bartlett)制成的第一个惰性元素化合物六氟合铂酸氙所证实。它推翻了长期在化学中流行的惰性气体不能生成化合物的形而上学观点,推动了惰性气体化学的发展。

鲍林并没有在这些杰出成就面前停步,而是运用自己有关物质结构的丰富知识进一步研究分子生物学,特别是蛋白质的分子结构。20 世纪 40 年代,他对包含在免疫反应中的蛋白质感兴趣,从而发展了在抗体-抗原反应中分子互补的概念。1951 年起,他与美国化学家柯里(R. B. Corey)合作研究氨基酸和多肽链。他们发现,在多肽链分子内可能形成两种螺旋体:一种是 α-螺旋体,一种是 γ-螺旋体,这纠正了前人按旋转轴次为简单整数而提出的螺旋体模型。鲍林进一步揭示出一个螺旋是依靠氢键连接而保持其形状的,也就是长长的肽链的缠绕是由于氨基酸长链中某些氢原子形成氢键的结果。作为蛋白质二级结构的一种重要形式的 α-螺旋体已在晶体衍射图上得到了证实。这一发现，为蛋白质空间构象打下了理论基础，成为蛋白质化学发展史上的一个重要里程碑。鲍林由于对化学键本质的研究以及把它们应用于复杂物质结构的研究而荣获 1954 年诺贝尔化学奖。

在科学前沿的生涯

在 1954 年瑞典皇家科学院授予鲍林诺贝尔化学奖的典礼上，瑞典皇家科学院的代表亨格教授盛赞鲍林的成就时说道："鲍林教授……你已经选择了在科学前沿的生涯，我们化学家们强烈地意识到你的拓荒工作的影响和促进作用。"

的确，鲍林始终生活在科学的前沿。

在 1953 年 1 月，当鲍林提出蛋白质 α-螺旋结构之后不久，英国生物学家克里克(F. H. Crick)从与他同一办公室工作的鲍林的儿子彼得(Peter Pauling)那里得知，鲍林在美国加州理工学院也在建立脱氧核糖核酸(DNA)分子的模型，所得结果和他与沃森(J. D. Watson)第一次建立起来的错误模型相似。他们在接受了鲍林和他们自己模型的教训基础上,加以改正,从而提出了一个新的DNA 分子模型。这就是沃森-克里克 DNA 双螺旋模型,后来为实验所证实,他们因此荣获了 1962 年诺贝尔生理学或医学奖。

沃森和克里克的 DNA 双螺旋的发现,大大推动了生物大分子核酸和蛋白质结构和功能关系的研究,建立起了分子遗传学这一新兴学科,使生物学进入分子生物学的新阶段。在这个重大的发现中,鲍林是有积极贡献的。因为沃森和克里克使用了鲍林在发现蛋白质 α-螺旋分子结构所使用的同样原理,鲍林的 DNA 分子模型对他们也有启示作用。而且在沃森和克里克建立了DNA 双螺旋模型以后,鲍林和柯里又指出,在胞嘧啶和鸟嘌呤之间是 3 个氢键,这一发现立即被沃森和克里克所接受。

1954 年,鲍林开始转向对大脑结构与功能的研究,并提出一个一般麻醉的分子理论以及精神病的分子基础问题。对精神病分子基础的了解,有助于对精神病的治疗。

鲍林第一次提出了“分子病”的概念。他在对疾病的分子基础研究中，了解到“镰状细胞贫血”是一种分子病，包括了由突变基因决定的血红蛋白分子的变态。即在血红蛋白中总共有将近 600 个氨基酸，如果将其中的一个谷氨酸用缬氨酸替换，便会导致血红蛋白分子变形，造成致命的疾病——镰状细胞贫血。他发表了《镰状细胞贫血——一种分子病》的研究论文，并进而研究分子医学，写了《矫形分子的精神病学》的论文。他指出，分子医学的研究对于了解生命有机体的本质，特别是对记忆与意识的本质的理解极有意义。可以说，鲍林的这些重要工作，在科学上已经开辟了一个全新的领域——对分子水平疾病的研究。

鲍林在自然科学领域内兴趣非常广泛，自然科学的许多前沿都在他的视野之内。晚年的鲍林从事化学-古生物遗传学的研究，以揭示生命起源的秘密。从原始生物阿米巴（一种变形虫）起，到人的不同进化阶段中，生物在核酸、蛋白质和多肽结构中还保留下它们原有的信息，这种信息反映了生物的发展史，研究其中的一种分子就可以了解生物进化的过程。鲍林通过核酸、蛋白质和多肽的研究,来了解分子产生的历史。鲍林认为,这项工作虽然刚开始,还只是拟订一些原则,但他相信,通过分子研究来获得生物的进化史方面的知识,必将做出许多有意义的发现。

此外,鲍林还于 1965 年提出了一个原子核模型。有些科学家认为,他的模型在若干方面比起某些核模型来有不少优点。

坚强的和平战士

鲍林反对战争,特别是核战争,主张用和平方式解决国际的一切争端和冲突,并为实现“让科学技术的成就造福于人类”的信念而进行了顽强的斗争。

1945 年,第一颗原子弹在日本上空爆炸后,核武器不断地被制造出来。许多科学家预感到人类智慧的结晶——科学技术发明有可能给人类带来毁灭性的结果。他们出于善良的愿望,把制止战争看成自己道义上的责任,希望以掀起和平主义运动为手段来实现这一目标。鲍林就是其中有代表性的一位。鲍林曾指出:“科学与和平是有联系的。世界已被科学家的发明大大地改变了，特别是在最近一个世纪。”同时鲍林又认为，“现代人类所有的愚蠢举动中，最大的蠢事就是年复一年在战争和军事上浪费掉了世界财富的十分之一。如果成功地解决这一问题，人类会得到最大的利益”。他为此而致力于和平运动，从事战争与和平问题的研究。他还因此而遭受了许多的威胁和打击。

20 世纪 50 年代初，美国的麦卡锡主义曾对鲍林进行审查，怀疑他是“亲共分子”，禁止他出国旅行、访问和讲学。1952 年，原定在英国召开一次有关 DNA 分子结构的讨论会，邀请鲍林出席，英国科学家还安排他去访问威尔金斯实验室。在此之前，威尔金斯（M. H. F. Wilkins）关于 DNA 的 X 射线衍射照片还没有公开发表，鲍林曾建议威尔金斯能公布出来，威尔金斯表示同意鲍林去他实验室参观，给鲍林看 DNA 的 X 射线衍射照片。设想一下，如果鲍林能见到威尔金斯的照片，或许有可能赶在沃森和克里克之前建立起 DNA 的双螺旋结构来。然而鲍林终于未能在这个划时代的发现中做出更为重要的贡献。那不是他的过错，因为美国政府在鲍林即将出国前一分钟宣布取消他的出国护照。鲍林由于从事和平运动,不仅人身自由受到限制,还直接影响到他的学术研究活动。直到鲍林获得诺贝尔化学奖之后,美国政府才不得不取消限制鲍林出国的禁令。

1955 年,鲍林和世界闻名的科学家爱因斯坦、罗素(B. A. W. Russell)、约里奥-居里(J. F. Joliot-Curie)、玻恩(M. Born)等签署了一个呼吁科学家应当集会来评价发展毁灭性武器所带来危险的宣言。在这个宣言影响下,不久就成立了“帕格沃什科学与国际事务会议”组织,从事宣传反对战争、主张科学为和平服务的活动。鲍林积极参加了这项活动。

1957 年 5 月 15 日,鲍林起草了《科学家反对核试验宣言》。这个宣言在两星期内,就有 2000 多位美国科学家签名,在短短几个月内,就有 49 个国家的 11000 多名科学家签名。1958 年,鲍林把这个宣言提交给了当时的联合国秘书长达格·哈马舍尔德,向联合国请愿。同年,他写了《不要再有战争》一书,书中简明地解答了核能和放射性的基础知识,并提出和回答了我们这个时代最迫切和危害最大的问题,计算了核武器对人类的严重威胁。此书于 1962 年增订再版。

1959 年，鲍林与罗素等人在美国创办《一人少数》(*The Minority of One*)月刊，宣传和平。同年 8 月，他参加日本广岛举行的第五届禁止原子弹氢弹大会。

由于鲍林对和平事业做出一系列的贡献，1962 年，他获得了诺贝尔和平奖。次年，他以“科学与和平”为题在挪威的奥斯陆大学发表了获奖演说。他在演说中指出：在我们这个世界历史的新时代，“世界问题不是用战争或暴力来解决，而是按照对一切国家都公平，对所有人民都有利的方式，根据世界法律来解决”。鲍林追述了科学家们为和平而斗争的历程后，指出，“我们有权在这个非常时代活下去，这是世界史上独一无二的时代，这是过去几千年战争和痛苦的时代同和平、正义、道德和人类幸福的伟大未来交界的时代”。他坚信，“由于更好地使用地球上的资源，科学家的发明，人类的努力，也将免除饥饿、疾病、失业和恐惧，并且，我们将能够逐步建立起一个对全人类在经济、政治和社会方面都是公正合理的世界，建立起一种同人的智慧相称的文化”。

鲍林为和平事业所做的努力，在世界上有着广泛的影响。西方76位著名科学家和社会活动家在他荣获诺贝尔和平奖以后,于1964年在纽约为他举行庆祝会,表彰他为和平事业所做的贡献。

他没有在荣誉面前止步

鲍林发表过400余篇科学论文和大约100篇关于社会和政治,特别是关于和平问题的文章,还出版了十几本科学专著。培养了许多杰出的化学家,其中包括几位中国著名化学家。中国科学界对鲍林教授是熟悉的。20世纪60年代,鲍林的代表性著作《化学键的本质,兼论分子和晶体的结构:现代结构化学导论》(简称《化学键的本质》)一书也由卢嘉锡教授等人译校出版。

除了两次获得诺贝尔奖以外,鲍林还多次获得各种化学奖。1975年,他获得福特总统授予的1974年度国家科学奖章;1978年,苏联科学院主席团授予他1977年罗蒙诺索夫金质奖章;1979年4月,他又接受了美国国家科学院的化学奖。

鲍林教授被国外许多研究机构和大学聘请为教授

和研究员，有 30 所大学授予他荣誉博士学位。他曾任 1949 年美国化学会主席，1951 年到 1954 年还担任过美国哲学会副主席。他还是英国皇家学会的外国会员，法国科学院的外籍院士，是挪威、苏联、印度、意大利、比利时、波兰、南斯拉夫、罗马尼亚等许多国家科学院的荣誉院士。

鲍林教授有四个孩子。最大的孩子是位精神病理学家；次子是伦敦学院的化学教授，与鲍林合著了《普通化学》一书；小儿子是加州大学生物学教授；女儿是一位蛋白质化学家，女婿原是鲍林的学生，后来是加州理工学院地质地球系主任。鲍林的经济状况是优裕的，但荣誉和优裕的生活并没有使他放弃科学工作而去安享晚年。他晚年一直在以他的名字命名的科学和医学研究所从事分子医学方面的研究工作。

鲍林特别强调化学工作者应当讨论化学与人类进步的关系。他不仅关心化学对人类健康福利方面的贡献，还非常重视化学发展的社会因素。他在美国化学会成立 100 周年纪念会上说："在未来 100 年内，化学对人类进步的贡献大小，不但取决于化学家，而且还取决于其他人,特别是政治家。”他指出,美国的奋斗目标应当是建设一个使每个人都能过幸福生活的国家。他认为,要实现这样的目标,光靠科学家是远远不够的。只有政府和人民、科学家、政治家的共同合作才能达到。

鲍林教授为科学与和平事业做出的贡献,值得钦佩,值得尊敬,同时他的思想活动和精神风貌也发人深思,令人从中大受教益。他生活在一种复杂的社会环境中,但他从不随波逐流,而是敢于提出自己独到的见解。英国出版的百科全书在介绍鲍林教授的工作和成就时写道:“他作为一位科学家,成功在于对新问题具有敏锐的洞察力,在于他认识事物间相互关系的能力和敢于提出异端思想的胆识和勇气。尽管他提出的概念并非全是正确的,却总能促进人们对问题的深入思考和进一步的探讨。”这是对鲍林教授思想活动和思想方法的一个恰如其分的评价。

回忆我的恩师鲍林

唐有祺

（中国科学院院士，北京大学教授）

我与鲍林的师生关系是从 1946 年 9 月开始的。当时我是从上海搭乘“梅格斯将军”号轮赴美国旧金山，这是第二次世界大战后第二艘由上海开往旧金山的客轮。到了旧金山我就到加州理工学院。进校不久，就见到鲍林教授。一见面我就对他印象很好，他知道我刚到美国什么都不熟悉，就帮我，建议我该上哪些课听哪些课，并一直很鼓励我、关心我的学习、生活。我一生碰到的恩师有好几位，小学、中学、大学都有。自我与鲍林教授认识并跟随他学习有 5 年，可以说他是我恩重如山的老师，他不但把我带到了当时化学的前沿领域——结构化学，而且在如何做人方面也使我终身受益。

鲍林是1925年在加州理工学院获博士学位并留校任教的。我到校时,他已在那里工作了二十多年。1937年,原来的化学系主任诺伊斯去世,鲍林接替他当系主任,那年鲍林只有36岁。36岁要在这样一所大学里担任系主任也得益于当时的校长密立根教授的慧眼识才。当时的加州理工学院并不知名,许多人只知道MIT(麻省理工学院),而很少知晓加州理工学院。加州理工学院与MIT不同之处是它以理科教育方式为主来培养理工科学生,这所学校的另一个特点是研究生的人数超过本科生。

鲍林的一大特色是他看方向很准确,这与他专业的精深功底有密切关系。我去的时候他已经当了9年系主任。听他的课与别人的课不一样,必须自己先学书中的内容,课堂上则重在以他正在进行的研究工作来启发学生的思路和工作方法。他撰写的《化学键的本质》一书被欧洲各大学视为化学的圣经,欧洲及世界各地的学者至今对他推崇备至。

与鲍林有过交往的人无不对他留有深刻印象,这不仅仅是由于他的专业学识过人,而且也是由于他的人品、人格也堪称典范。他爱护学生，对维护正义的事当仁不让。我当时刚到加州理工学院，不论在学习、生活上都遇到一些困难，作为系主任的鲍林教授不等我这个中国学生提出，总是很主动地关心我。我记得那时每逢周六，一般美国学生、老师都回家了，而鲍林往往利用周六到系里各个实验室去看看。我周六都在实验室里，因此几乎每个周六都有机会见到鲍林教授。几句问候的话、对实验的一番建议常使我温暖好一阵。

关于鲍林的人品我还可以举几个例子。我到这所学校前很多人都在传鲍林要获诺贝尔奖，事实上鲍林的名字已几次出现在诺贝尔奖的候补名单上。我去的那年又有好多人在猜当年的诺贝尔化学奖非鲍林莫属。结果公布时是瑞典的一位科学家。当时很多人，特别是丹麦的年轻学者都公开为鲍林打抱不平，而鲍林自己则心态平和。

1947—1948 年，鲍林到英国去了一年。这一年里他学术上又酝酿了一个新思想。在此之前他对一般的分子、无机物的结构都已构建了完整的理论体系，这些至今仍是化学的基础内容。他当时因感冒躺在病床上，反复思考小的肽、氨基酸的结构,从中得到一些标准的键长、键角数据,从这些数据他想到一个归纳出稳定的蛋白质二级结构的方法。他特别重视氢键在生命中的作用。慢慢地根据自己的思路,他最终搭出了蛋白质二级结构模型,其中有 α-螺旋和 β-折叠两种二级结构,不久都在球蛋白晶体结构中找到了。

为什么 1953 年沃森、克里克能把 DNA 双螺旋结构搞清楚呢? 主要是当时他们觉得 DNA 结构很重要,DNA 结构可以弄清楚遗传的奥秘。而更为重要的是由于当时鲍林有办法为蛋白质把 α-螺旋结构弄清楚,沃森、克里克认为开展 DNA 结构工作的时机成熟了。

鲍林本人也尝试过解开 DNA 结构之谜,但他最终未能成功。失误的原因很多,最主要的是他当时受到麦卡锡主义的迫害,学术活动受到限制,未能及时看到 DNA 的 X 射线衍射图,而在这个图上 DNA 之具有双螺旋结构已经昭然若揭了。鲍林当时连护照都被吊销了,没有办法去英国并看到这些 DNA 结构的 X 射线衍射图,导致认识上的失误。鲍林对这一段历史一直持十分严谨的态度。1979 年在檀香山的一次会议上,有人提出，当年 DNA 双螺旋结构应该可以由鲍林得出的，但鲍林说，科学上的发现是谁做出的就是谁的。沃森和克里克一直很尊敬鲍林，沃森称鲍林是美国最伟大的化学家之一。的确如此，当代化学的许多重大进步，都与鲍林有关，如酶是怎样起作用的，鲍林 1948 年在《自然》（*Nature*）上对此的阐述至今仍是经典准则。

鲍林对中国学生很友好。1951 年我提出要回国，他一开始有些不理解，说十分喜欢我，问我为什么不留下来。我说我来时就准备学成后回国，到学校里教书去。他建议我再留一段时间。事后他交给我一个课题，是关于蛋白质的结构的。我搞了一年，这也是我后来转向生命过程化学研究的契机。从他给我这个课题一直到真正的蛋白质结构搞出来，中间隔了近 7 年。不少美国学者对我说，鲍林给你引了这么好的一个方向，可以让你 10 年有事可做了。

到了 1951 年年初，我越来越感到必须提早回国了。那年上半年我趁去瑞典开第二届国际晶体学会议之机，取道瑞典、英国、法国等地历时三个月回到祖国。我离开加州理工学院前与鲍林道别，他对我说，如果我回国后不方便的话不要勉强给他写信，因为恐怕这样对我不利，当时燕京大学的威尔逊教授回美国告诉鲍林中国国内的一些政治运动情况。确实我回国后由于国内当时的状况，我和鲍林的联系也基本中断，但他一直在多方了解我的情况。

一直到了 1973 年，他携夫人到中国来访问，一到北京就提出要看我们。那次鲍林来，我陪他们夫妇俩游览了长城。他知道我在北京大学教书，非常高兴。到了 1978 年，我带团到华沙参加第 11 届国际晶体学会议。在此次会议上我与另外一位当时同在加州理工学院做鲍林的博士后的同学见面，他是意大利米兰大学的西蒙·内塔，我们间的友谊交往一直未间断。我与另一位同学莱特·里奇至今都有交往。我们这些同学都很重感情，这些也无疑受到我们的恩师鲍林的影响。西蒙·内塔在我回国后又经常到美国做合作研究，一遇到鲍林就很急切地询问我的情况。1978 年我去华沙，西蒙·内塔知道我参加会议，高兴地在门口等我开完会相见。我们同学间的友情真是令人难忘。

1981 年鲍林带着全家人再次来到中国游览，我也携全家陪同，请他们吃烤鸭，大家很高兴。鲍林夫人当时已因患肠癌做过一次手术，但回去后第二次手术后就不行了，她于 1981 年年底去世。1981 年秋我还到鲍林家去过，鲍林夫人带着病还十分友好地陪我去院子里观看她种的花草。我女儿 1981 年去美国后也一直得到鲍林与他女儿琳达一家的关心和照顾。

鲍林是 1994 年 8 月 19 日去世的。那一年我的另一位好朋友多萝西·霍奇金也去世了，她是当时英国唯一获得诺贝尔奖的女科学家。在这两位杰出科学家去世后，我的朋友、因研究血红蛋白而获诺贝尔奖的佩鲁茨写了两篇悼念文章，一篇为鲍林，一篇为霍奇金，都发表在英国的重要刊物上。这两篇文章佩鲁茨都寄给我了，我答应抽空翻译出来。我自己也一直想写一点纪念鲍林的文章，对我的恩师鲍林教授的感激之情我是说不尽、道不完的。

（江世亮根据录音整理）

化学键的本质是怎样被揭示的

向义和

(清华大学物理系 教授)

20 世纪 20 年代末至 30 年代中是量子力学和化学结合的初期,其发展状况及特点可通过考察化学键理论中价键理论的形成而得到初步的了解。近代价键理论是在价键电子理论的基础上发展起来的。价键理论的主要创立者美国化学家鲍林一开始就力图将量子力学和化学结构问题紧密结合,用了德国物理学家海森伯在研究氦原子问题时引进的量子共振概念,用了海特勒和伦敦在研究氢分子时所使用的近似解法,从而阐明了电子在化学键生成过程中的具体成键作用,揭示了化学键的本质,为近代结构化学的建立做出了重要的贡献。

1954 年 11 月鲍林获得了诺贝尔化学奖，在谈到他自己的贡献时，他说：“我本人的最主要成果是在 1928 年到 1932 年间获得的，其中涉及化学键的本质和分子结构基本原理的揭示。”本文将依据原始文献来探讨鲍林价键理论的思想起源及其形成过程。

接受化学键的电子理论

鲍林 1901 年出生于美国俄勒冈州波特兰市，16 岁时就进入了俄勒冈农学院化学工程系读书。由于他学习优秀，成绩突出，在他进入大学三年级时，系里就破格让他做助教，给大学二年级学生讲定量化学分析，而这门课他上学年才刚学完。鲍林还通过阅读期刊来满足自己求知的欲望，他阅读了美国化学家，加利福尼亚大学化学系主任路易斯写的论文《原子和分子》，这篇论文引起了他特别的兴趣，促使他去探究原子和原子之间结合的奥秘，他写道：“那时，我产生了一种强烈的愿望，要去了解物质的物理和化学性质与其原子和分子结构之间的关系。”

在路易斯这篇论文中谈到物质的分类，他把物质分为极性的和非极性的两类。他认为在极性分子中,电子被微弱的力束缚着,以致它们可以离开在原子中原来的位置移动到另一个原子中去,使这个分子被分离成带正电和带负电的两部分,于是在分子中产生一个电偶极矩。在非极性分子中,属于单个原子的电子被强力束缚着,不能移动到远离它们的正常位置。这两类化合物分别对应于两种类型的化学键,即离子键和共价键。离子键是由电荷相反的离子通过其过剩电荷的静电引力所形成的。金属元素的原子易于失去其外层电子,而非金属元素的原子则倾向于加上额外的电子;通过这种方式就可形成稳定的正离子和负离子,而且在它们相互接近以形成稳定的分子时,基本上仍能保持着各自的电子结构。

按照路易斯的理论,共价键可以看成是在两个键合原子间共有一对电子所形成的。他说:"所有原子核都是互相排斥的,分子是靠电子对把化合物中的原子连接在一起。"他解释说:"每一个电子对有一个把它们拉在一起的趋向,这或许是磁力,或许是其他的力。"他认为电子对形成了一个稳定的基团。

在路易斯的电子式中，元素的符号表示原子实，它是由原子核和价电子层以外的内层电子所组成；点则用来表示价电子层上的电子。路易斯说："为了用符号表示化学结合的思想，我建议使用冒号，或以某种其他方式排列的两个点来表示两个电子，作为两个原子之间连接的键。于是，我们可以把 Cl_2 写为 Cl∶Cl 。如果在某种情形下我们希望表示在分子中的一个原子具有负的电荷，我们可以把这个冒号移向靠近负元素处。于是，我们可以写 Na∶I 和 I∶Cl 。"路易斯还指出，电子对为两个原子所共有。虽然它包含两个电子，但是它对应于在图式中通常用于表示单键的一条线。与此相应，他用两对电子表示双键，用三对电子表示三键 。

1938 年 6 月，鲍林在他写的《化学键的本质》一书中对路易斯写的这篇论文做了如下的评述："路易斯在 1916 年发表的论文奠定了现代价键电子理论的基础；这篇论文不仅论述了通过满填电子稳定壳层的实现来形成离子的过程，也提出了通过两个原子间两个电子的共享形成现在所谓的共价键的概念。"

走向物理与化学相结合之路

1922 年秋,鲍林进入加州理工学院攻读博士研究生。第一学年,鲍林选修了几乎所有重要的化学课程,同时还选修了许多数学和物理课程。他还参加物理化学研讨班,经常去听外籍访问学者如玻尔、索末菲、爱因斯坦、德拜等人所做的学术讲座。接受了玻尔-索末菲的原子模型,这是一个电子绕核运动的动态原子模型,完全不同于路易斯的静态的立方体原子模型。

当时,X 射线晶体学已成为加州理工学院最重要的研究工具,路易斯的老师化学系主任诺伊斯对这一技术抱有很大的期望。他认为化学研究 的是分子的行为,而分子的行为取决于分子的结构,因此有可能通过 X 射线衍射分析“看见”分子的结构。于是诺伊斯把鲍林分配到 X 射线实验室,他与迪金森合作测定辉钼矿的结构。辉钼矿的分子式是 MoS_2,代表了一种简单的晶体结构。不到一个月,他们发现了辉钼矿为三棱镜结构,6 个硫原子位于 6 个角上,包围着钼原子。1923 年 4 月在《美国化学学会学报》上发表了他们共同署名的题为“辉钼矿的晶体结构”一文。从X射线的研究中他积累了原子大小、化学键距离和晶体结构的资料。1925年6月他宣读了题为“用X射线确定晶体结构”的博士论文，获得了化学博士学位。在读博士期间鲍林还独立地或者与别人合作发表了6篇晶体结构的论文。

从1925年夏天开始，鲍林的注意力集中到一个重大的命题：化学键的本质 。他试图撰写一篇论文，直接把量子理论和化学键的问题联系起来，通过收集到的大量晶体学和其他化学数据来批驳路易斯的静态原子模型，支持玻尔的动态原子模型。鲍林步入科学界时，正是新量子物理学分娩的时期。这一时期物理化学家主要关注并努力解决的问题是同种元素的原子如何结合。同年12月份，鲍林向古根海姆基金提出奖学金申请，学习“原子内部结构的拓扑数学和分子结构，特别是对化学键本质的应用”，以便到欧洲量子物理中心去学习。

1926年4月，鲍林进入慕尼黑理论物理研究院。在索末菲的引导下，他把波动力学看作是一个更容易使用、更便于想象的工具加以利用。他在给同事的一封信中写道:“我发现他(薛定谔)的方法比矩阵运算简便得多;而且根本思想更能令人满意,因为在数学公式背后至少还有一些物理学图案的影子。”他说,与矩阵力学相比,原子波动图“非常清楚,十分诱人”。

新量子力学的矩阵理论和波动理论都比玻尔-索末菲的原子模型,即旧的量子理论来得优越,两者都能以较少的矛盾解释更多的实验结果。1926 年 6 月,在苏黎世举行的一次有关磁场的会议上,鲍林宣讲了他的一篇报告,关于磁场对氯化氢气体介电常数的影响。泡利告诉鲍林,他在双原子分子上的辛苦工作是白费力气,因为支持的不过是一个过时的体系,确实没有意义。同时,泡利也意识到,鲍林跨学科的体系为新的量子力学提供了一个极好的试验。鲍林的理论提出,旧的量子理论预测磁场对氯化氢的介电常数会产生可测得的效果。泡利告诉他,这很可能是错误的;新的量子力学的预测结果是没有影响。实验的结果进一步否定鲍林关于磁场效应的预测。在此以后几个星期,鲍林又运用新的量子力学重新进行了运算。他说,计算的结果显示,“旧的量子理论显然不成立,而新的量子理论成功了”。

苏黎世会议结束后两星期，鲍林在给诺伊斯的一封信中写道："我现在正埋头于新的量子力学，因为我觉得原子和分子化学需要它。"对鲍林和每一个物理学界人士来说，新体系的明显优越性很快就体现出来。不久之后鲍林说："旧的量子理论与实验结果不符，而新力学与自然十分和谐。在旧的量子理论无言以对之际，新力学雄辩地说明了真相"。

吸取量子力学的思想方法

1928 年 3 月，鲍林在他写的《共用电子化学键》一文中谈到了他的价键思想的来源，在该文一开始他就写道："随着量子力学的发展，显然，泡利的不相容原理和海森伯、狄拉克的共振现象是造成化学键的主要因素。"

海森伯的量子共振观念

量子共振观念是海森伯在讨论氦原子的量子态时引入量子力学的。1926 年 6 月海森伯发表了《量子力学中的多体问题和共振》一文，计算了氦原子的能量态，确立了氦谱线的正氦与仲氦之间的能量差。氦原子有两个电子,他把这个简单的多体问题设想为一个连接两个振子的系统,在原子中电子的运动是由给定频率的简谐振动来描写:假定两个振子的振动是相同的,每个具有相同的质量 m 和频率 $\nu(=\omega/2\pi)$。用 q_1 和 q_2 分别表示振子 1 和振子 2 的位置变量,p_1 和 p_2 分别表示动量,λ 表示相互作用恒量。这个系统的哈密尔顿函数确定为:

$$H=\frac{1}{2m}(p_1^2+m^2w^2q_1^2)+\frac{1}{2m}(p_2^2+m^2w^2q_2^2)+m\lambda q_1q_2 \quad (1)$$

式中 $m\lambda q_1q_2$ 表示相互作用能。海森伯很快认识到在量子力学中耦合振动的这个经典例子将产生一个与经典力学类似的结果。在经典力学中这个系统将产生共振和拍频。由原始频率引起的两个改变了频率的新的振动将引起干涉。

于是人们能够做出像在经典理论中相同的坐标变换。通过对动量变量 p_1 和 p_2 与位置变量 q_1 和 q_2 进行正则变换,可以很容易地证明这个效应。因为相互作用项 $m\lambda q_1q_2$ 是一个二次坐标函数,因而允许将这个系统拆开成两个不连接的振子。借助于下面的变换式:

$$q_1' = \frac{1}{\sqrt{2}}(q_1 + q_2) \quad q_2' = \frac{1}{\sqrt{2}}(q_1 - q_2) \tag{2}$$

将(2) 式代入(1) 式得:

$$H = \frac{1}{2m}(p_1'^2 + m^2\omega_1'^2 q_1'^2) + \frac{1}{2m}(p_2'^2 + m^2\omega_2'^2 q_2'^2) \tag{3}$$

新的频率 ν_1' 和 ν_2' 由下式给出:

$$2\pi\nu_1' = \omega_1' = \sqrt{\omega^2 + \lambda}, \text{和 } 2\pi\nu_2' = \omega_2' = \sqrt{\omega^2 - \lambda} \tag{4}$$

现在 H 分解成两个振子能量相加,与两个特殊的振动相适应。一个具有频率 ν_1',两个振子以这一频率同相位振动;而另一个具有较低的频率 ν_2',两个振子以这一频率反相位振动。如图 1 所示。

整个系统稳定态的能量通过下式表示

$$H n_1' n_2' = (n_1' + \frac{1}{2}) h\nu_1' + (n_2' + \frac{1}{2}) h\nu_2' \tag{5}$$

在上式中 n_1' 和 n_2' 具有整数值 0,1,2,…,而 ν_1' 和 ν_2'是由方程(4) 给出的频率。从而人们得到图 2 中所示的能量项。

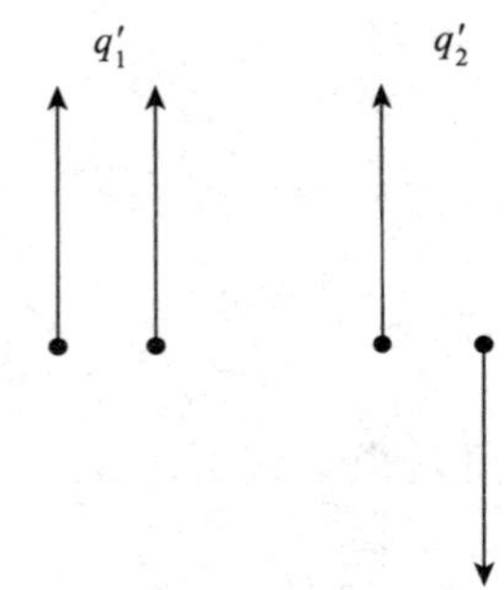

图 1　两个特殊的相位振动

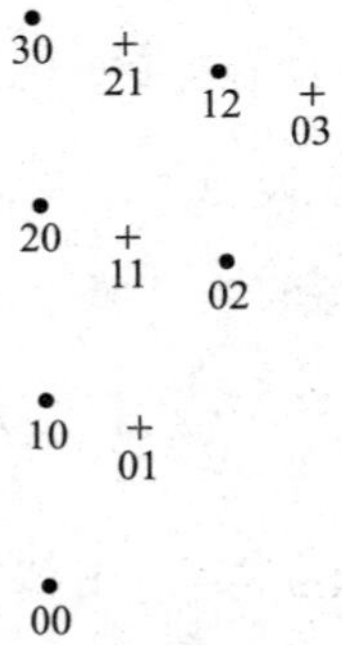

30 ● 21 + 12 ● 03 +

20 ● 11 + 02 ●

10 ● 01 +

00 ●

图 2　两个分离的能量项

这些能量项可以分成两个分离的部分(°和 +),以致跃迁只出现在°系统或 + 系统内,绝不从°系统到 + 系统。在°系统内能级之间的跃迁所产生的光谱项是仲氦，在 + 系统内能级之间的跃迁所产生的光谱项是正氦。考虑到自旋的作用，可知仲氦是 $S=0$ 的单态，正氦是 $S=1$ 的三重态。氦谱线的确具有类似于人们在两个耦合的，具有相同频率的线性振子情形下推导出的许多特征。

海森伯把仲氦和正氦两个相应项之间的能量差，归因于两个电子之间的相互作用，他认为库仑斥力使系统处于这两种状态，产生共振。他设想两个电子不断地，定时地交换位置。这个交换能就是仲氦和正氦两个相应项之间的能量差。

海特勒和伦敦对氢分子的近似处理

1927 年 6 月，海特勒和伦敦发表了论文《中性原子的相互作用和按照量子力学的单向结合》。讨论了两个氢原子的相互作用，给出了氢分子结构的令人满意的处理。他们用 a 和 b 表示两个核，其间固定不变的距离用 R 表示。用 1 和 2 表示两个电子，电子与核的距离分别用 r_{a1}，r_{a2}，r_{b1}，r_{b2} 表示，电子之间的距离用 r_{12} 表示。

于是，他们写下了氢分子的薛定谔方程：

$$H\psi=E\psi \tag{6}$$

式中哈密尔顿函数 H 为：

$$H=-\frac{h^2}{8m\pi^2}(\nabla_1^2+\nabla_2^2)-e^2(\frac{1}{r_{a1}}+\frac{1}{r_{a2}}+\frac{1}{r_{b1}}-\frac{1}{r_{b2}}-\frac{1}{R}) \quad (7)$$

他们用变分法近似地解此方程，变分函数选择的好坏有关整个问题的解决。他们认为波函数 ψ 与基态中两个中性氢原子相适应，因此他们依据众所周知的氢基态的本征函数

$$\psi=\frac{1}{\sqrt{\pi}}(\frac{1}{a_0})^{3/2}e^{-\sigma} \quad (8)$$

(式中 a_0 是玻尔半径，$\sigma=r/a_0$)。分别写下了电子 1 和电子 2 在核 a 附近的波函数 φ_{a1} 和 φ_{a2} 以及电子 1 和电子 2 在 b 核附近的波函数 φ_{b1} 和 φ_{b2}。

如果人们把这两个原子连接为一体，统一起来考虑，就会把这两个本征函数的乘积看为共同的本征函数。从而得到电子 1 在 a 核附近，电子 2 在 b 核附近的波函数 $\varphi_{a1}\varphi_{b2}$，或者电子 2 在 a 核附近，电子 1 在 b 核附近的波函数 $\varphi_{a2}\varphi_{b1}$。这是属于全系统具有相同能量的两种可能性。$\varphi_{a1}\varphi_{b2}$ 和 $\varphi_{a2}\varphi_{b1}$ 都可作为变分函数，比较合理的办法应该选择它俩的组合作为变分函数。

$$\psi = c_1\varphi_{a1}\varphi_{b2} + c_2\varphi_{a2}\varphi_{b1} \tag{9}$$

令　　$\varphi_1 = \varphi_{a1}\varphi_{b2}$；$\varphi_2 = \varphi_{a2}\varphi_{b1}$。

可简写成：　$\psi = c_1\varphi_1 + c_2\varphi_2$　(10)

海特勒和伦敦就是以 $\varphi_{a1}\varphi_{b2}$ 和 $\varphi_{a2}\varphi_{b1}$ 的线性组合作为变分函数 ψ 代入波动方程以求解。最后求得一个对称的本征函数 ψ_+ 与能量 E_+

$$\psi_+ = \frac{1}{\sqrt{2+2S}}(\varphi_1 + \varphi_2) \tag{11}$$

$$E_+ = \frac{E_{11} + E_{12}}{1+S} \tag{12}$$

和一个反对称的本征函数 ψ_- 与能量 E_-

$$\psi_- = \frac{1}{\sqrt{2-2S}}(\varphi_1 - \varphi_2) \tag{13}$$

$$E_- = \frac{E_{11} - E_{12}}{1-S} \tag{14}$$

式中 $S = \int\varphi_1\varphi_2\,\mathrm{d}\tau$，$E_{11} = \int\varphi_1 H\varphi_1\,\mathrm{d}\tau$，$E_{12} = \int\varphi_1 H\varphi_2\,\mathrm{d}\tau$

这样得出来的相互作用能曲线具有明显的极小点，这相当于稳定分子的形成。根据能量 E_+ 公式计算的结果，H_2 分子的能量以核距 $R = 0.86\,\mathring{A}$ 时为最低，$E_+ = 2E_H - 302.7$ kJ/mol，即电子结合能是 302.7 kJ/mol，这与实验值 456.4 kJ/mol,已比较接近。从图 3 中可以看出,E_- 曲线与 E_+ 曲线不同,不呈现一最低点。能量始终高于 $2E_H$,表示此种分子状态是不稳定的,称为推斥态。平常的 H_2 分子是处于 E_+ 状态(或 ψ_+ 状态),亦即基态,而 ψ_- 的 H_2 分子是处于激发态。从光谱的研究知道处于激发态的 H_2 分子,其二电子自旋是平行的。而处于基态 ψ_+ 的 H_2 分子,其二电子自旋是反平行的。因而可以得到一个结论,即两个 H 原子结合成稳定的 H_2 分子时,两个电子的自旋必须相反。

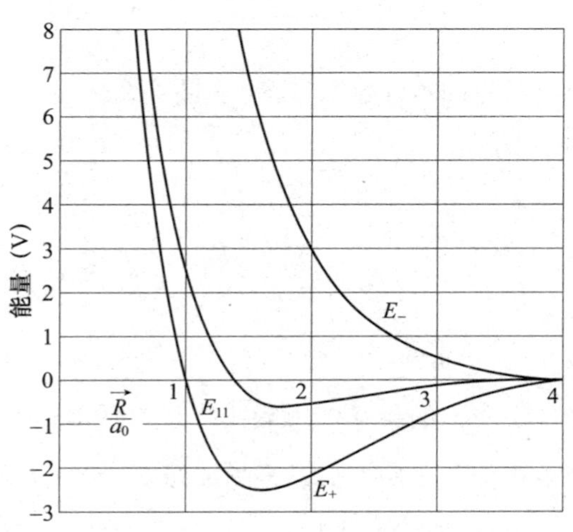

图 3　相互作用能曲线

对于海特勒和伦敦对氢分子处理，1931 年鲍林在他写的《化学键的本质》中评述道："由此可以看到对两个氢原子体系进行这样一个非常简单的处理，能使稳定分子的生成得到解释，那就是电子对键的能量主要是相对于两个电子在两个原子轨道之间相互交换的共振能。"又说："键的共振能等于两个结构的相互作用能。"

图 4 表示出 ψ^2 等于常数时的轨迹，即等密度线。图中线上所注的数字只表示电子云密度的相对大小。从图中可以看出，基态电子云密度 ψ_+^2 在核间比较密集，推斥态电子云密度 ψ_-^2 在核间则较小。也就是说，二电子结合成稳定的分子时，电子云在核间发生重叠。

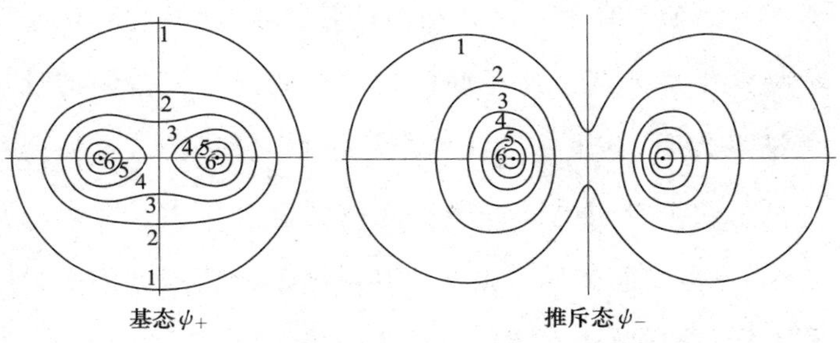

图 4　基态和推斥态电子云密度线

1927年6月,鲍林到苏黎世参加薛定谔的为期三个月的夏季研讨班时,就得知海特勒和伦敦成功地将波动力学运用到氢分子的电子对化学键上。鲍林来到苏黎士后拜访了他俩,双方展开了热烈的讨论。他了解到海特勒和伦敦成功的关键在于采用了一年前海森伯提出的电子交换共振观点,海特勒和伦敦对这一概念做了一些修改来解释化学键:他们想象两个带有自己电子的相同的氢原子互相接近。当它们靠近时,一个电子越来越被另一原子的原子核所吸引。在某一点上,一个电子会跳向另一个原子,随后电子交换就以每秒数十亿次的频率发生了。在一定的意义上,我们无法确认某一个电子是某一个原子核的。海特勒和伦敦发现,正是这种电子交换产生了把两个原子联结在一起的能量。他们的计算结果表明,电子密度在两个原子核之间最大,这样就降低了两个带正电的原子核之间的静电斥力。在某一点上,正电之间的斥力正好与其对电子云密集处的引力相平衡,这样就建立了一定长度的化学键。

电子交换在化学里是个全新的概念。基于氢分子性质的计算值与实验值大致上相等,而且海特勒-伦敦模型在别的方面也成立。泡利的不相容原理提出，两个电子只有在自旋方向相反时才能在同一轨道上共存，而海特勒和伦敦发现他们的化学键如果要在氢分子中存在，以上状态是必要的。成对电子形成了原子间的黏合剂：这就是路易斯的共用电子对化学键，现在被赋予了牢固的量子力学基础和数学解释。

鲍林对海特勒和伦敦的成果感到非常振奋，他在苏黎世的大部分时间里都在试图推广他们的概念。他与海特勒和伦敦进行了大量的讨论，不过在计算方面，一般都是他独立完成的。那段时间他没有写一篇论文。但是在 9 月 1 日起程返回美国的时候，他已经决定运用海特勒和伦敦对于化学键的共振解释来解决所有的化学结构问题。这将成为他以后工作的基础。

完善价键理论

1927 年 9 月，鲍林回到加州理工学院，被聘为理论化学助理教授。赴欧洲学习量子力学给他开辟了一个新天地，为量子力学在化学领域的应用展现了一个巨大的新空间，他开设的第一门课程是“波动力学及其在化学上的应用”。1928年年初，鲍林在《化学评论》第5期上发表一篇长文，题为“量子力学对氢分子和氢分子离子结构以及有关问题的应用”。文中介绍了海特勒和伦敦用微扰法对氢分子结构的处理，他说：“海特勒和伦敦已经给出了氢分子结构的最令人满意的处理。”但又指出对微扰能的计算只给出了一个近似，他又用新的方法得出了一个比较符合实验值的结果。

1928年3月，鲍林在《国家科学院学报》上发表了一篇题为“共用电子化学键”的短文。该文一开始就指出：“引起化学键的主要因素是泡利的不相容原理和海森伯、狄拉克的共振现象。已经表明在正常态中在两个氢原子的情况下，使它们彼此靠近的本征函数是对称的，对应于两个原子结合成一个分子的势。这个势主要归因于共振效应，它可以解释为两个电子在位置上的交换形成了这个键，以致每个电子部分地与一个核联系在一起，部分地与另一个核联系在一起。”文中把海特勒和伦敦关于化学键的理论称作“简单的理论”，并说“在简单的情况下，这个理论完全等效于路易斯在1916年在纯粹化学证据基础上提出的共用电子对的成功的理论。现在路易斯的电子对是由两个电子组成，除了它们的自旋相反以外，它们处在完全相同的状态。”又说：“然而，与‘老的图画’相比，量子力学对键的解释是更加细致也更为有力”。

1931 年 4 月，鲍林在《美国化学学会学报》上发表了长篇论文《化学键的本质》。文中全面阐述电子对键的性质，完善了价键理论。鲍林在文章一开始首先阐述简单原子的相互作用，他说：“由海特勒和伦敦对氢分子波动方程的讨论，表明两个正常的氢原子能够以两种方式中的任一种相互作用，其一是引起排斥，不能组成分子；其二是引起吸引，形成稳定的分子。这两种相互作用的模型是两个电子同一性的结果。这个量子力学的特殊的共振现象，在氢分子中产生了总是以两个电子出现的稳定的键。即使两个电子附着的核是不同的，在一个核上带有一个电子而在另一个核上带有另一个电子，这个非扰动系统的能量是与电子的交换能相同的。因此我们可以预期找到通常出现的电子对键。”

接着，鲍林又指出：“带有超过一个电子的原子间的相互作用,通常并不导致分子的形成。一个正常的氦原子和一个正常的氢原子只能以排斥的方式相互作用,而两个正常的氦原子,除了在很大的距离处有很微弱的吸引力以外,只有相互的排斥。另一方面,两个锂原子能够以两种方式相互作用,给出了一个排斥势和一个吸引势,后者相应于一个稳定分子的形成。在这些情况下,可以看出,只有当两个原子的每一个开始具有一个不配对的电子,才能形成一个稳定的分子。这个由海特勒和伦敦已经获得的一般结论是,电子对键是由在两个原子的每个原子上的一个不配对电子的相互作用形成的。这个键能主要是共振能或两个电子的交换能。虽然,电子自旋决定了是出现吸引势,还是排斥势,或者二者兼而有之,但是,这个键能主要取决于电子和核之间的静电力,而不是由于磁的相互作用。”

鲍林从上述的讨论中提出了电子对键的六条规则:

(1) 相互结合的两个原子,各贡献一个不配对电子(即孤电子),它们相互作用,形成电子对键。

(2) 两个电子形成键时,其自旋方向必定相反,以至于它们对物质的磁性没有贡献。

(3) 两个形成共用电子对的电子,不能参加别的电子对的形成。

(4) 单电子对键的主要的共振项只涉及每个原子的一个本征函数。

(5) 在同样依赖于 r 的两个本征函数中,在键的方向上具有较大的值的一个将产生强键,而对于一个给定的本征函数,这个键将趋于在具有本征函数的最大值的方向上形成。

(6) 在同样依赖于 θ 和 φ 的两个本征函数中,具有较小的 r 平均值的一个,也就是说,对应于这个原子的较低能级的一个将产生强键。

这里提到的本征函数是在原子中一个电子的本征函数,r,θ 和 φ 是这个电子的极坐标,原子核处在坐标系的原点。这六条规则体现了电子对键的基本性质,前三条规则是对路易斯、海特勒、伦敦和他自己早期工作的重申,是直接从量子力学对氢分子的应用中推导出来的。后三条规则是新的,是鲍林在研究碳原子的四面体构型,原子中电子的杂化轨道中推测出来的。

鲍林关于电子对键的六条规则,首次向人们显示,量子力学是理解物质的分子结构的基础。他从量子力学中最大限度地吸取精确的信息,再加上他那简单的,具有想象力的观点,解决了大量的实际的问题,取得了大量的成果。

建立杂化轨道理论

鲍林在《化学键的本质》一文中还把量子力学对简单分子结构的处理,推广到对复杂分子结构的处理,建立了杂化轨道理论。

s 和 p 的本征函数

鲍林为了运用电子对键的规则解释正常原子的化合物,首先讨论了电子处于 s 态和 p 态的本征函数。他在文中假设波函数 $\psi_s,\psi_{px},\psi_{py},\psi_{pz}$ 的径向部分极为相近,可以略去它们之间的差别,只剩下包含角度的部分的本征函数 s,p_x,p_y,p_z。根据由氢原子的薛定谔方程推导出的类氢原子波函数的角度部分,再把这些函数归一化成 4π 的情况下,可以得到:

$$s=1 \tag{15}$$

$$p_x = \sqrt{3}\sin\theta\cos\varphi \tag{16}$$

$$p_y = \sqrt{3}\sin\theta\sin\varphi \tag{17}$$

$$p_z = \sqrt{3}\cos\theta \tag{18}$$

在图 5 中的 XZ 平面内表示了 s 的本征函数。s 是球形对称的，在各个方向上具有的值为 1。图 6 表示了 p_x 的本征函数。p_x 是由两个球面组成的，沿着 x 轴具有最大的值为$\sqrt{3}$。p_y 和 p_z 是相似的，沿着 y 轴和 z 轴具有的最大值都为$\sqrt{3}$。从规则(5)我们可以得出结论，p 电子将形成比 s 电子更强的键，而且由一个原子中的几个 p 电子形成的键趋向于彼此成直角的方向。

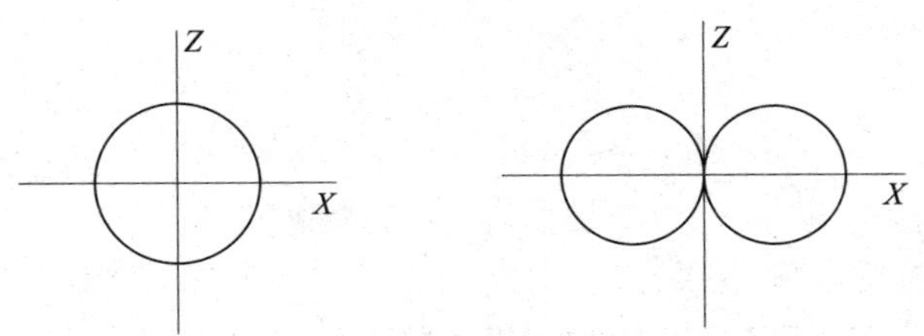

图 5　s 的本征函数　　　**图 6　p_x 的本征函数**

上述结论解释了一些有趣的事实。例如，硫原子的最外层电子结构为 $3s^2, 3p_z^2, 3p_x^1, 3p_y^1$ 当形成 H_2S 时，两个氢原子的 1s 轨道只能分别沿 x 轴和 y 轴方向同硫的 p_x,p_y 轨道重叠才能达到最大重叠(见图 7)。重叠结果,在 H_2S 分子中两个 S—H 键的夹角应为 90°,而实验值为 92°,这一微小差别可能是由于两个氢原子核之间以及 S—H 键的电子云之间的排斥力所造成的。

鲍林指出,在上面的讨论中,已经假设量子化作用类型没有改变,而 s 和 p 的本征函数保持着它们的等同性。下面将讨论量子化作用的改变对键角的影响。

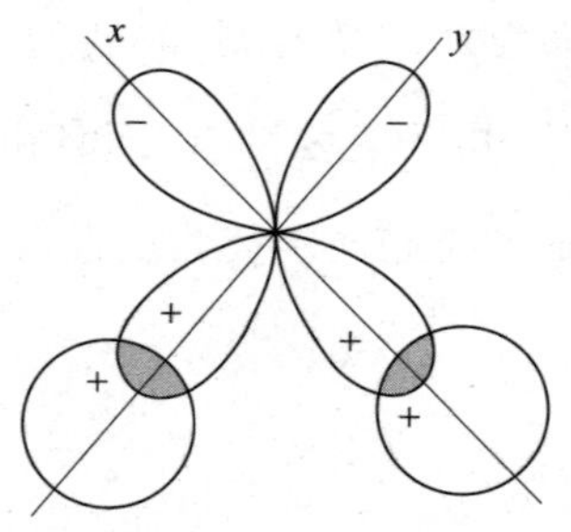

图 7　p_x,p_y 的轨道

碳原子四面体构型提出的问题

长期以来,在碳原子的结构问题上物理学家和化学家难以取得一致的意见。早在 19 世纪后期,荷兰科学家范特霍夫(J. Van't Hoff)和法国科学家拉贝尔(J. LeBel)

各自独立提出：碳原子以正四面体的构型形成四根键。化学家都知道这点并从实验上证实，这些化学键保持几乎相同的长度和强度，并指向四面体的四个角上。这是向三维分子结构观点迈出的第一步。

但是，物理学家认为，这种情况不可能发生。最近的光谱研究显示，碳的四个成键的电子处于两个不同的能级或亚层中。一个正常的碳原子，其外层电子组态是 $2s^2 2p^2$，两个 s 态电子彼此成对，只有两个不配对的 p 电子，这样就只有 p 电子能够与别的原子成键。物理学家认为，碳的原子价应该是 2，只能形成两个单键或一个双键，而实际上这种情况极少，只有在一氧化碳的情况下，碳与一个氧原子组成了双键。

协调物理学家的碳原子和化学家的碳原子是一个巨大的挑战，而鲍林决心迎接这一挑战。物理学家的光谱结果不容置疑，而化学家的四面体同样证据确凿，两大阵营都应该是正确的。

化学家们根据价键理论推断，把碳原子中的一个 $2s$ 电子激发到 $2p$ 状态，成为具有四个不配对电子，能形成

四条键的 $2s2p^3$ 态。其成键情况应为,碳原子中的三个 p 电子分别与一个氢原子中的一个不配对电子形成3个共价键,这些键的方向彼此成 90° 角,而 s 电子与氢原子形成一条弱键,与其他每条键形成大约 125° 的角。这将给出一个具有不同键的不对称的结构。由价键理论所得的这一推论与实验所得的4个C—H完全相同的事实相矛盾,这说明价键理论在解释分子的空间结构方面有局限性。

为了解释多原子分子的空间结构,鲍林开始了新的思考。在他1928年的《共用电子化学键》的短文中,鲍林基于海特勒和伦敦的能量交换说提出了一种解释。每次形成一个新的化学键时,都要涉及新的能量交换。他写道:“形成四个四面体化学键所产生的能量交换足以打破物理学家亚层中的四个成对电子,并使它们组成新的形式。”

1928年,他进行了许多复杂的运算,至少初步能让他确信自己的想法是正确的,但是他说:“运算太复杂了,我担心人们不会相信,而且我也可能不相信。……谁都可以看到,量子力学必将走向四面体原子,因为这是我们已经掌握的事实。但是公式太复杂了，我怎么也不敢肯定自己的论点能够说服别人。”

1930 年 12 月的一天，他终于想出了一种解决数学难题的方法。采用简化处理，很容易就得到答案。他说：“我为之兴奋不已，高兴极了。我熬了个通宵，反反复复地建立方程，写出来，并解方程。这些方程是如此的简单，我几分钟就能解决。解一个方程，得到一个答案，于是再解另一个方程……随着时间的推移，我越来越兴奋，好像得了欣快症一样。没花多少时间，一篇关于化学键本质的长篇论文就写出来了。这是人生中难得的一次经历。”

杂化键轨道波函数的确立

鲍林在他写的《化学键的本质》一文中叙述了他对四面体型波函数的推导。他认为，在两个原子的相互作用能是大于 s 电子和 p 电子能量差的情况下（或者，像在正常的碳原子中，原来具有两个 s 电子，两个 p 电子，存在两倍 s 电子和 p 电子能量差情况下），原来的 $s-p$ 量子化作用会被破坏，类氢原子的 s 和 p 的本征函数重

新组合,将会形成四面体构型的本征函数。他假定这个本征函数的表示式是:

$$\psi = as + bp_x + cp_y + dp_z \tag{19}$$

在上式中这些系数满足归一化的要求,即

$$\int \psi^2 \mathrm{d}\tau = 1 \text{ 或 } a^2 + b^2 + c^2 + d^2 = 1 \tag{20}$$

从规则(5)知这个最好的键本征函数将是在键的方向上有最大值的本征函数。因为键的方向是可以任意选择的,选取这个方向沿 x 轴。可以证明 p_y 和 p_z 不是增加而是减弱这个方向上的键强度,所以可以不用考虑它们。根据归一化条件可用$\sqrt{1-a^2}$来代替 b,因此假设函数的形式是

$$\psi_1 = as + \sqrt{1-a^2}\, p_x \tag{21}$$

这个函数在 $\theta = 90°, \varphi = 0$(即 x 轴)的成键方向上的数值可在代入 s 和 p_x 表示式后得出

$$\psi_1 = a + \sqrt{3(1-a^2)} \tag{22}$$

把它对 a 进行微分并令结果为零,即能解得使 ψ_1 为极大的 a 值为 1/2 。因此在 x 方向上最优键波函数是

$$\psi_1=\frac{1}{2}s+\frac{\sqrt{3}}{2}p_x=\frac{1}{2}+\frac{3}{2}\sin\theta\cos\varphi \tag{23}$$

把 $\theta=90°$，$\varphi=0$ 代入，得知它的键强度为 2，显著地大于 p 的本征函数最大值 1.732。在 XZ 平面上这个函数的图形显示在图 8 中。

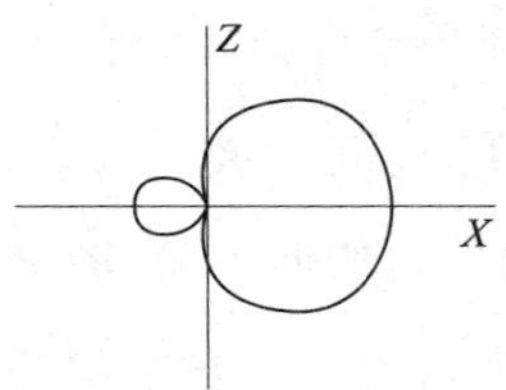

图 8　p 的本征函数在 XZ 平面上的图形

可把第二条键引入 XZ 平面，假设其函数的形式是

$$\psi_2=as+bp_x+dp_z \tag{24}$$

它要和 ψ_1 相互正交，即必须满足下列条件：

$$\int_0^{2\pi}\int_0^{\pi}\psi_1\psi_2\sin\theta\mathrm{d}\theta\mathrm{d}\varphi=0 \tag{25}$$

并且它在某个方向上具有极大值。求解后得出这函数是

$$\psi_2=\frac{1}{2}s-\frac{1}{2\sqrt{3}}p_x+\frac{\sqrt{2}}{\sqrt{3}}p_z \tag{26}$$

考察这个函数即可看出,它和 ψ_1 完全等效,在 $\theta=19°28'$, $\varphi=180°$具有 2 的最大值,也就是在 XZ 平面内沿反时针方向把 ψ_1 转动 109°28′。用同样的方式可再构成两个函数,它们除了取向以外,都和 ψ_1完全一样。

于是,鲍林导出了四面体碳原子这个结果,在原子内只有 s 和 p 本征函数对键的形成有贡献,在量子化作用被破坏的情况下,s 和 p 重新组合,形成四条等同的键,这些键指向四面体的四个角,图 9 中显示出四个四面体本征函数最大值的方向在空间的相对方向。这个计算给化学家的四面体碳原子提供了量子力学的证明。

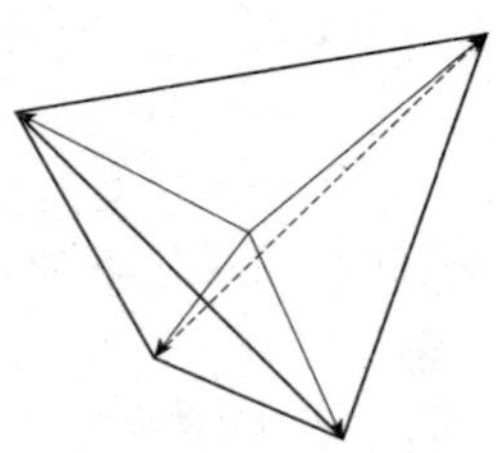

图 9　四个四面体本征函数最大值的方向在空间的相对方向

鲍林在该文中讨论了四面体碳原子后,又讨论了由 1 个 s 电子和 2 个 p 电子组成的 3 个杂化轨道,形成彼此成 120°夹角的三条等同的键。键的强度为 1.991,比四面体键的强度 2.000 稍小一点。三条键分别伸向三角形的三个顶点。

1938 年 6 月，鲍林完成了《化学键的本质》一书，对杂化键轨道，四面体碳原子的理论做了总结。他写道："在碳的价电子层上有四个轨道。我们曾把它描述为一个 $2s$ 和三个 $2p$ 轨道，键的强度分别为 1 和 1.732。不过这些并不是原子直接用来成键的轨道。一般说来，一个物系的波函数可通过其他一些函数的叠加来构成，使物系能量为最小的波函数就将是这个物系的基态波函数。对于由碳原子和与之结合的四个 H 原子所构成的物系来说，当键的强度为最大时，物系的能量就是最小。我们发现当取用 s 和 p 轨道的线性组合作为键轨道，其中的系数取用某种比值时，这种叠加轨道的键强度要比单个 s 或 p 轨道的大些。最好的 $s-p$ 杂化键轨道的强度可以大到等于 2。这种轨道的角度分布示于图 9 中。可以看出，轨道是大大集中于成键的方向（也就是它的旋转对称轴）；这样就能理解，这个轨道将能更多地和其他原子的轨道相叠合并形成更强的键。我们预料到这种杂化作用的发生正是为了使键能为最大。"

该书中还指出,量子力学的结果和有机化学的实验事实相当一致,而且比经典立体化学的结果更为精确。他写道:“在经典立体化学中,四面体型碳原子的假定要求原子具有四面体构型,但并不一定是正四面体的构型;只要这四个键指向一般四面体的四个顶点,旋光现象就能得到解释,因此 $CR_1R_2R_3R_4$ 中 $R_1—C—R_2$ 的键角并不需要接近 109°28′,它可以是 150°或者更大些。但是上述的键轨道的处理结果要求碳的键角要接近于正四面体的键角,因为离开了这个数值,就会带来碳轨道的键合强度的损失,从而降低这个物系的稳定性。非常值得注意的是在数以万计的碳原子通过四个单键与不同原子相结合的有机物分子中,键角的实验值与相当于正四面体轨道的 109°28′的偏差几乎毫无例外地是在2°以内。”他在表中列出了 48 种碳化物说明了这一问题。

价键理论(包括杂化轨道理论),能很好地说明共价键的本质和特性,但它把成键后的电子运动定域在两成键原子间,把共价键的形成归因于成键原子的价电子配对,因而有一定的局限性。1931 年美国化学家穆利肯(R. S. Mulliken)提出了分子轨道理论。该理论认为当两个能级相近的原子轨道组合成分子轨道时，能级低于原子轨道的就是成键分子轨道。分子轨道理论的出发点是分子的整体性，重视分子中电子运动状况，以分子轨道的概念来克服价键理论中强调电子配对所造成的电子波函数难于进行数学计算的缺点。穆利肯把原子轨道线性组合成分子轨道，可用数学计算并程序化。分子轨道法处理分子结构的结果与分子光谱数据吻合，因此从 20 世纪 50 年代开始，价键理论逐渐被分子轨道理论所代替。由于计算科学的高速发展给价键理论的定量化带来了新希望，现代价键理论正处于复兴阶段。所以，在现代的化学教科书中是把这两个理论并列介绍的。

中　篇

化学键的本质(节选)

The Nature of the Chemical Bond

共振和化学键

Resonance and the Chemical Bond

大多数有关分子结构和化学键本质的一般规律是长期以来由化学家从大量的化学经验中总结出来的。近几十年来，通过现代物理学的强有力的实验方法和理论的应用，不仅使这些原理更为精确和有用，并且还发现一些新的结构化学的原理。因此，现在结构化学不仅对化学的各个部门，而且对生物学和医学都有重大的意义。

有关分子结构和化学键本质的知识现在是极其丰富的。在本书中我只打算对这个课题做些初步介绍，着重讨论那些最重要的一般性的原理。

价键理论的发展

分子结构的研究原是由化学家进行的，当时所用的方法例如研究物质的化学组成、异构物的存在、物质所参与的反应的性质等基本上还算是化学方法。通过这些化学事实的分析，弗兰克兰(Frankland)、凯库勒(Kekulé)、库珀(Couper)和布特列洛夫(But-lerov)等人在一个世纪前提出了价键的理论，并写出了最初的分子结构式；接着，范特霍夫和拉贝尔提出了关于碳原子的4个价键朝着正四面体顶点取向的假设，从而建立了古典有机立体化学的公认形式；维尔纳(Werner)又在此基础上发展了无机络合物的立体化学理论。

现代结构化学有别于古典结构化学，因为它给分子和晶体的结构提供了足够细致的描述。通过各种物理方法(包括应用X射线衍射方法来研究晶体结构和电子衍射来研究分子结构；电和磁偶极矩的测定；带光谱、联合散射光谱、微波谱和核磁共振波谱的解释，以及熵值的测定等方法)的应用，曾积累了大量有关分子和晶体中的原子构型,有的甚至是它们的电子结构等方面的知识,因而现在要讨论化学键以及原子价,除了需要考虑化学事实以外,还必须把这些新的知识考虑进去。

在19世纪中,就用在两个化学元素的符号之间画一短线来表示价键,它虽能扼要地概括了许多化学事实,但对于分子结构却只有定性的意义。至于键的本质则是一无所知的。电子发现以后,曾经有过许多的努力来发展化学键的电子理论,而由路易斯总括其成。他在1916年发表的论文奠定了现代价键电子理论的基础;这篇论文不仅论述了通过满填电子稳定壳层的实现来形成离子的过程,还提出了通过两个原子间两个电子的共享形成现在所谓的共价键的概念。路易斯还进一步强调必须重视未共享电子和共享电子的配对现象,以及在较轻的原子中八电子组(不管是共享的或未共享的)的稳定性。这些概念随后又由许多人进一步予以发展;其中朗缪尔的工作,在表明应用新观念能广泛地把各种化学事实加以概括和阐明这样一个情况,特别有意义。本书中所要详加陈述的理论,有许多要点是在朗缪尔和其他一些科学工作者在1916年以后十年间所发表的论文或路易斯在 1923 年所著的《价键以及原子和分子的结构》一书中便已露出苗头的。

这里值得指出，在所有这些早期的研究工作中，除了一些建议已纳入现代理论之外，还有许多其他想法却已被扬弃。应该说，把价键的电子理论修整成现在的精确形式，几乎全部得力于量子力学理论的发展，它不仅提供了简单分子性质的计算方法，使我们能对两个原子之间形成共价键的现象给予完全的解释，并清除了在估计出共价键存在的可能性以后的数十年间一直笼罩着它的神秘感，而且把一个新的概念即共振概念，引进了化学理论，这个概念尽管在化学的应用中不是完全没有意料到的，可是肯定从来没有这么明确地认识和理解过。

在本章[①]的下列各节中，在初步地介绍化学键的类型以后，即着手讨论共振的概念以及单电子键和电子对键的本质。

① 指原书第 1 章。——编辑注

化学键的类型

就化学键的三种普遍极限类型:电价键、共价键和金属键来考虑是方便的。这种分类法并不严格,因为尽管每种极限键型各有其明确的属性,可是从一种极限类型出发却能逐渐地向另一种过渡,因而也存在中间键型。

化学键的定义 就两个原子或原子团而言,如果作用于它们之间的力能够导致聚集体的形成,这个聚集体的稳定性又是大到可让化学家方便地作为一个独立的分子品种来看待,则我们说在这些原子或原子团之间存在着化学键。

根据这样的定义,我们不但能把有机化学家的定向价键,并且也可以把诸如氯化钠晶体中钠正离子和氯负离子间的键,在水合铝离子的溶液或晶体中铝离子和围绕着它的 6 个水分子间的键,以及甚至在 O_4 中联系两个 O_2 分子的弱键等都归属于化学键的范畴里。一般说来,我们并不把微弱的分子间的范德华引力看成化学键的形成;但在特殊情况下,例如在上述的 O_4 分子中,这种力已足够强大,是可以把相应的分子间相互作用方便地作为化学键的形成来描述的。

离子键和其他的静电型键　若两个原子或原子团中每一个都可以有确定的、基本上与其他原子或原子团的存在无关的电子结构,同时其间建立的静电相互作用能导致强烈的吸力而形成化学键时,我们就说这个键是静电型键。

最重要的静电型键是离子键,它是由电荷相反的离子通过其过剩电荷的库仑吸力所形成的。金属元素的原子易于失去其外层电子,而非金属元素的原子则倾向于加上额外的电子;通过这种方式就可形成稳定的正离子和负离子,而且在它们相互接近以形成稳定的分子或晶体时,基本上仍能保持着各自的电子结构。在原子的排列情况有如图 1-1 所示的氯化钠晶体中并无独立的 NaCl 分子存在。相反地,这个晶体是由钠正离子(Na^+)和氯负离子(Cl^-)所组成的,每一个离子都被围绕着它成八面体排列的 6 个电荷相反的离子所强烈地吸引和紧扣着。要描述这晶体中的相互作用,我们说这里的每个离子和相邻近的 6 个离子之间形成了离子键,这些键把晶体中的所有离子连接成一个巨大分子。离子晶体将在第十三章中详加讨论。

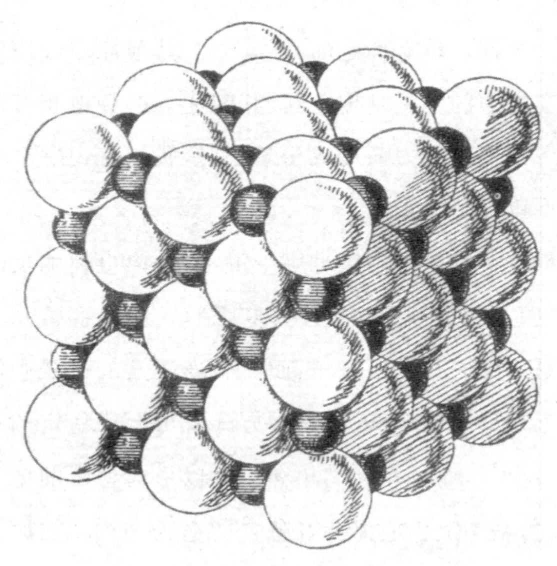

图 1-1　氯化钠晶体中的原子排列

此图转载自 W. Barlow, *Z, Krist*. 29, 433(1898), 参阅 11-5 节

在$[Fe(H_2O)_6]^{3+}$、$[Ni(H_2O)_6]^{2+}$和许多其他络离子中,中心离子和环绕于它的分子之间的键在很大程度上是由于中心离子的过剩电荷和外围分子的永久电偶

极之间的静电吸力所形成的,这种类型的静电型键可称为离子—偶极键。静电型键也可以是由于离子与可极化分子的诱导偶极间的吸引,或两个分子的永久电偶极间的相互作用所促成的。

共价键 按照路易斯的理论,我们可把

```
                                      H
                                      |
H—H      Cl—Cl      H—Cl      H—C—H
                                      |
                                      H
```

等图式中的普通价键看成是在两个键合原子间共有一对电子所形成的,从而可以写出下列的相应电子结构,如

```
                                      H
                                      ..
H∶H      Cl∶Cl      H∶Cl      H∶C∶H
                                      ..
                                      H
```

等。在这些路易斯电子式中,元素的符号表示原子实,它是由原子核和价电子层以外的内层电子所组成;点则用来表示价电子层上的电子为两个原子所共有的电子对。在某种意义上说,这些电子对是具有双重职能的,它们在完成每个原子的稳定电子构型中都起着作用。例如在甲烷中的碳原子,内层有 2 个电子,外层有 8 个

共享电子,因而获得和氖一样的10个电子的稳定构型;在上述各个结构中,每一个原子也都取得了惰性气体分子的电子构型。

两个原子间的双键和叁键可以分别用4个和6个共享电子来表示,例如:

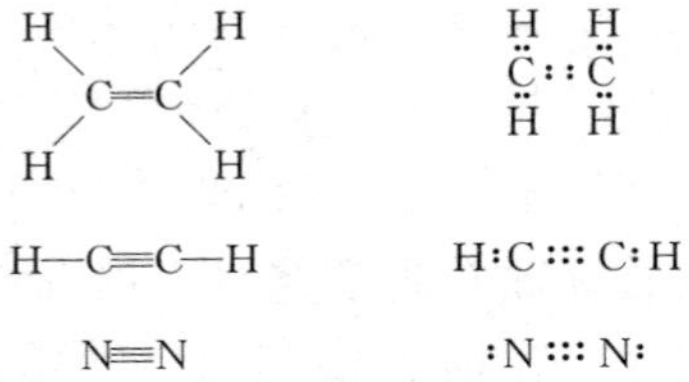

$$\begin{array}{c} H \quad\quad H \\ \diagdown \quad \diagup \\ C{=}C \\ \diagup \quad \diagdown \\ H \quad\quad H \end{array} \qquad \begin{array}{c} H\ \ H \\ \ddot{C}::\ddot{C} \\ H\ \ H \end{array}$$

$$H{-}C{\equiv}C{-}H \qquad H{:}C{:::}C{:}H$$

$$N{\equiv}N \qquad {:}N{:::}N{:}$$

为了使氧化三甲胺$(CH_3)_3NO$中的氮原子也取得具有完全八隅体的氖结构,路易斯把它的电子结构写作

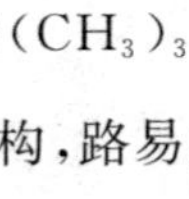

$$\begin{array}{c} R \\ R:\ddot{N}:\ddot{O}: \\ R \end{array}$$

(这里$R=CH_3$),其中氮原子形成4个共价单键,氧则形成一个。如果假定共享电子对分属于由它们连接起来的那两个原子,并根据这个结构式计算,氮原子的电荷就该是+1(电荷单位,在数量上等于电子的电荷,但符号相反),氧原子的电荷则为−1。我们把这种按电子结

构式将共享的电子平均地分配给键合原子而计算出来的电荷称为相应结构中原子的形式电荷,通常用注在这些原子符号旁边的正负号来表示,例如:

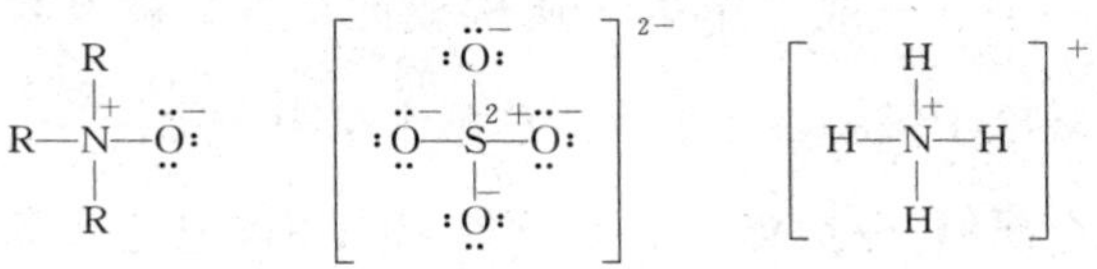

$$\begin{array}{c} R \\ | \\ R-\overset{+}{N}-\ddot{\underset{..}{O}}:^{-} \\ | \\ R \end{array} \qquad \left[\begin{array}{c} :\ddot{\underset{..}{O}}:^{-} \\ | \\ {}^{-}:\ddot{\underset{..}{O}}-\overset{2+}{S}-\ddot{\underset{..}{O}}:^{-} \\ | \\ :\ddot{\underset{..}{O}}:^{-} \end{array}\right]^{2-} \qquad \left[\begin{array}{c} H \\ | \\ H-\overset{+}{N}-H \\ | \\ H \end{array}\right]^{+}$$

这种形式电荷,正像它的名称所指出的那样,只具有形式上的意义。一般说来,它们并不表示分子或络离子中电荷在各原子上的实际分布。例如铵离子所带的单位正电荷不应认为被氮原子所独占。由于在第三章中将予讨论的 N—H 键的部分离子性,可以认为这个多余正电荷被部分地转移到各个氢原子上。

从前面写的电子式可以看出,在氧化三甲胺中,氮和氧之间的键可以认为是一种双键,由一个共价单键和一个单位强度的离子键所组成。这种类型的键有时称为半极性双键;也称它为配价键,并用一个特殊的符号⟶来表示电荷从一个原子向另一个原子的转移。还有人用这样的电子式,那就是把原来认为是属于不同原子的电子用不同的符号(例如点和叉等)来标明。我们觉得用这些名称或符号并不见得方便。

在少数分子中,也出现共价键不是由共享电子对而是由一个电子或三个电子所构成的情况。这种单电子键和三电子键将在 1-4 节中和第十章中讨论。

金属键;分数键 在金属聚集体中,把这些原子连接起来的键的最显著的特点是成键电子的流动性,它使金属表现出高度的导电性和导热性。关于金属键及其与共价键的关系将在第十一章中讨论。金属中的键可作为分数键来描述。其他含有分数键的、被称为缺电子化合物的物质将在第十章中讨论。

共振的观念

量子力学理论,在处理分子基态问题的主要化学应用中,有一条基本原则,这条原则是共振观念的依据。

在量子力学中,一个体系的结构是用通常称为 ψ 的波函数来描述的。这个 ψ 是经典理论中与共轭动量配合在一起用来描述这个体系的坐标的函数。求解体系在指定状态下的波函数的方法可参考量子力学专著。在我们关于化学键本质的讨论中,主要将限于研究分子的基态。分子或其他体系的量子定态是以体系总能量所具有的定值来标明的。这些状态是由一个量子数(例如 n)或一组量子数来标记,每一量子数可以取某些整数值。处于第 n 个量子定态的体系,具有确定的能量值 W_n,并由波函数 ψ_n 来描述。这个处于第 n 个量子态的体系的行为,可通过它的波函数来进行预测。不过这些预期值,尽管和对这个体系进行的试验的预期结果有关。一般说来,关系并不是直截了当,而是具有统计性质的。例如在基态氢原子中,对电子相对于核的位置不可能给出确定的推断,而只能求出相应的概率分布函数。

体系总能量为最低也就是稳定度为最高的量子定态,被称为基态。这个基态的量子数常被指定为 1 或 0。

设 ψ_0 是讨论中的体系在基态情况下的正确波函数。我们所感兴趣的量子力学基本原则指出:按照量子力学方程用体系的正确基态波函数 ψ_0 计算出来的能量值 W_0,要比用任何其他提得出的波函数 ψ 所算出的能量值低些;因而在所有可能构想得出的结构中,那个给予体系以最大稳定度的结构正是这个体系的真正基态结构。

现在设结构Ⅰ和Ⅱ可以合理地或者想象得出地表示考虑中的体系的基态。根据这个量子理论的方法,利用任意系数 a、b 乘上 ψ_{I}、ψ_{II} 后再相加所得的更加普遍的函数

$$\psi = a\psi_{\mathrm{I}} + b\psi_{\mathrm{II}} \tag{1-1}$$

仍是体系的可能波函数。这里只有比值 b/a 有意义,因为函数 ψ 的性质不因乘以常数而有所改变。把相应于 ψ 的能量值表为比值 b/a 的函数,便能找出使能量值为极小的 b/a 值。在这个 b/a 值相应的波函数,对这个体系的基态来说,便是用这样组合方法所能造出来的最优波函数近似式。假如 b/a 的最优值很小,那么最优波函数 ψ 基本上就等于 ψ_{I},而用结构Ⅰ来表示基态就比任何其他所考虑的结构更为接近些;如果 b/a 的最优值很大,最优波函数 ψ,则又将和 ψ_{II} 差不多。可是也有可能 b/a 的最优值既不很小,也不很大,和 1 差不多。在这种情况下,最优波函数 ψ 将由 ψ_{I} 和 ψ_{II} 共同组成,从而体系的基态将被认为是既包含结构Ⅰ又包含结构Ⅱ。

在这个情况下,已经习惯于说体系是共振于结构Ⅰ和结构Ⅱ之间,或者说体系是结构Ⅰ和Ⅱ的共振杂合物。

可是这个体系的结构本质上并不恰好介于结构Ⅰ和Ⅱ之间;因为由于共振的结果,这样的体系由于能量值的降低(即共振能)得到进一步稳定化。b/a 的最优值就是使得体系总能量取得它的最低值的数值,这个最低能量值要比相应于 ψ_{I} 或 ψ_{II} 的能量值为低;低下来的数量决定于结构Ⅰ和Ⅱ间的相互作用的大小以及它们的能量差(见 1-4 节)。相对于结构Ⅰ或结构Ⅱ(稳定度不相同时取其中比较稳定的那一个)而言,这个体系的额外稳定性称为共振能。

以上的有关体系基态的讨论并不限于共振结构只有两个的情况。一般来说,可将相应于那些按照具体情况能够提得出来供考虑的结构Ⅰ,Ⅱ,Ⅲ,Ⅳ,…的波函数 $\psi_{\mathrm{I}},\psi_{\mathrm{II}},\psi_{\mathrm{III}},\psi_{\mathrm{IV}},\cdots$ 通过线性组合形成如下的波函数

$$\psi=a\psi_{\mathrm{I}}+b\psi_{\mathrm{II}}+c\psi_{\mathrm{III}}+d\psi_{\mathrm{IV}}+\cdots \qquad (1\text{-}2)$$

在这个波函数中,系数 $a,b,c,d,\cdots$ 的最优相对值可通过求取能量的最低值而找出来。

共振观念是海森伯在讨论氦原子的量子态时引入量

子力学的。他指出：在许多体系中,可应用这样一种量子力学处理方法,它和经典力学中对共振的耦合谐振子的处理有些相类似。举例来说,两个具有同一特征振动频率而又安装在同一基座上(这样使它们之间能发生相互作用)的音叉,可能观察到经典力学的共振现象。当敲动一个音叉以后,它的振动将逐渐停止,而把它的能量转移给另一个音叉,使它开始振动;以后这过程又倒转进行,这样能量就在这两个音叉之间往复共振着,直到它被摩擦及其他损耗耗尽为止。两个由软弹簧连接起来的相类似的摆也出现同样的现象。定性地说,这些经典的共振现象和本节上面所描述的量子力学共振现象之间明显类似;但是这种相似并不能对量子力学共振在化学应用中的最主要特点(即体系因共振能而得到稳定这样一个情况)提供简单的非数学的解释,所以我们也就不再谈下去了。我相信,学化学的人在看过了本书中到处所讨论的在不同问题上的应用之后,能给自己找到一个可靠而又有用的直观看法。

必须指出,在共振观念的应用中,作为体系基态讨论基础的起始结构Ⅰ,Ⅱ,Ⅲ,Ⅳ,…的选择是存在着一些任意性因素的。不过就许多体系说,我们会发现,某些非常适用的结构将能立即被提出来作为讨论的基础;同时,在一些例如分子的复杂体系中,利用一些有关的简单体系的结构作为出发点也能使讨论取得较快的进展。已经发现的共振现象在化学上的最重要应用即分子共振于好几个价键结构之间的情况,提供了一个明显的例子:人们发现了许多物质的性质不能用单一的价键型的电子结构来描述;但若认为它存在着两个或更多的价键结构之间的共振,则仍能套用价键的经典理论。

在化学问题的讨论中,共振观念的便利和价值是如此巨大,以致这种任意性因素的缺点显得无关紧要了。这种因素在经典的共振现象中也是存在的。在应用单摆的运动来讨论用弹簧连接起来的摆的联合运动,显然也是存在着任意性因素的;如果改用体系的正则坐标来描述,数学上就会简化得多,可是共振概念的方便和有用,却使它仍然获得广泛的应用。

此外不应该忘记,在有机化合物的简单结构理论中也存在着本质上与共振论相类似的任意性因素,这里也同样地使用了理想化的、假想的结构要素。例如丙烷分

子 C_3H_8 有它本身的结构，它不能用得自其他分子的结构要素来精确地描述；不可能从丙烷分子中孤立出这样一个部分，其中包含两个碳原子和其间的两个电子，而说丙烷分子的这一部分就是和乙烷分子的一部分完全一样的碳—碳单键。把丙烷分子描述成包含碳—碳单键和碳—氢单键是有它的任意性因素的；这些概念本身便是理想化的结果。但是尽管它们都使用了一些理想化的概念，也包含着一定程度的任意性因素，化学家已经发现有机化学的简单结构理论和共振理论都是有价值的。

氢分子离子和单电子键

本节中我们将就最简单的分子氢分子离子 H_2^+ 以及最简单的化学键单电子键(即一个电子被两个原子所共有的键)的结构问题进行讨论，作为共振概念在化学上的第一个应用。

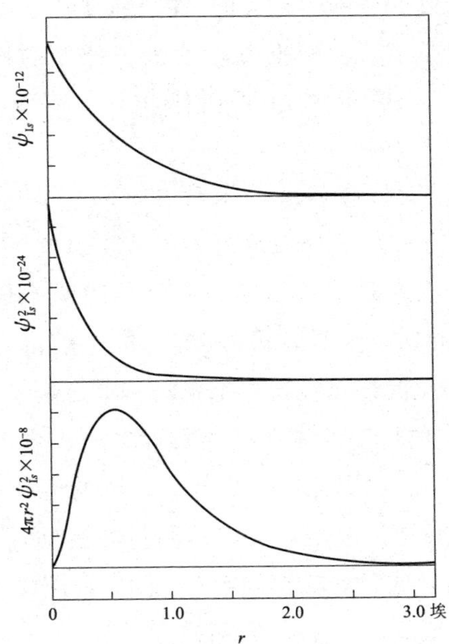

图 1-2　基态氢原子的波函数 ψ_{1s}，它的平方及径向概率分布函数 $4\pi r^2\psi_{1s}^2$

基态氢原子　按照玻尔的理论，8 基态氢原子中的电子是沿着半径为 $a_0=0.530$ 埃的圆形轨道、以恒定速率 $v_0=2.182\times10^8$ 厘米/秒绕核运动。用量子力学来描述，情况与此是类似的，但比较不确定些。图 1-2 示出这个原子中电子的轨道运动波函数 ψ_{1s}，可以看到其数值仅在接近核的范围内是大的;在离核 1～2 埃以外,它就迅速降低至零。ψ 的平方表示电子位置的概率分布函数,所以 $\psi^2 dV$ 就是电子在体积元 dV 中的概率,$4\pi r^2 \psi^2 dr$ 则是和核的距离介于 r 和 $r+dr$ 之间的概率。从图中可以看到,最后这个函数在 $r=a_0$ 时有其最大值。所以电子离核的最概述距离正是玻尔半径 a_0;但是电子显然并不局限于这一距离。电子的速率也不是恒定的,而要用分布函数表示,其方均根速度恰好就是玻尔值 v_0。据此我们可以这样来描述基态氢原子:电子以数量级为 v_0 的可变速率在核的附近进行进进出出的运动,比较经常的是出现在离核为 0.5 埃的距离之内;如果时间足够长允许电子完成许多圈数的运动,则原子可以被描述是由一个被球形对称的负电荷球体包围着的原子核所构成;这里电子的图像,将会由于自己的迅速运动出现感光后模糊不清的情况,如图 1-3 所示。

氢分子离子 从理论上探讨氢分子离子的结构时,正如讨论任何一个分子一样,总是首先考虑一个被固定在确定构型中的原子核排列,分析电子(在有好几个电子的情况下就是所有的电子)在这个核力场中的运动。这样分子的电子能就可作为原子核构型的函数。分子在基态时的构型便是相当于这个能量函数极小值的构型,从而给

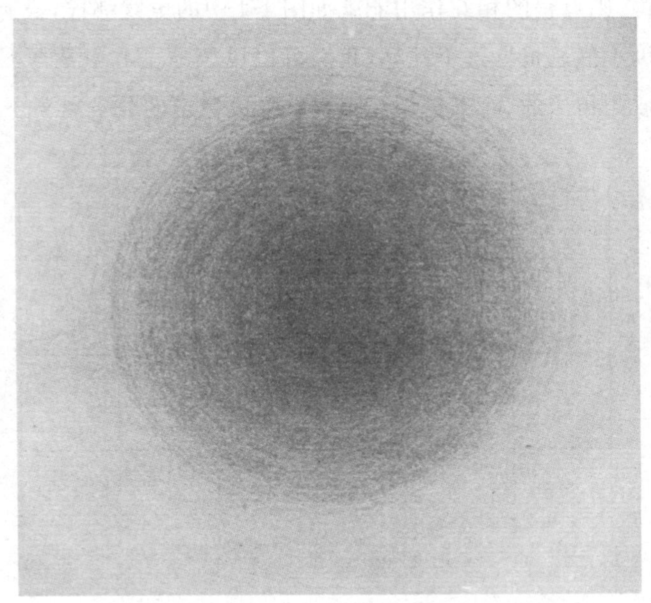

图 1-3　在基态氢原子中，电子密度随离核距离的增加而减少的示意

予分子以最大的稳定性。

对于氢分子离子，问题在于计算能量和两个原子核A、B的核间距 r_{AB} 的函数关系。当 r_{AB} 的值很大时，体系的基态就是由相互作用十分微弱的一个基态氢原子(譬如说是电子和核 A)和一个氢离子(核 B)所构成。假定在两个核彼此接近时，仍旧保持着 $H+H^+$ 这样的结

构,则算得的相互作用能就如图 1-4 中的虚线那样,没有极小值。根据这个计算,我们可以说氢原子和氢离子是彼此相斥的,而不是相互吸引以形成稳定的分子离子。

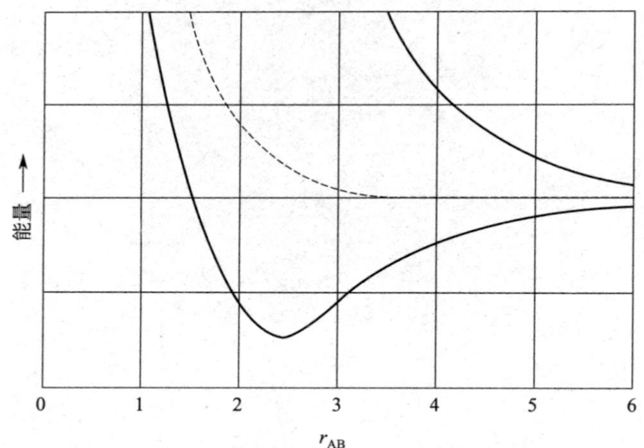

图 1-4　氢原子和质子间的相互作用能曲线

最下面的曲线相当于稳定基态氢分子离子的形成。

核间距 r_{AB} 的标度以 $a_0=0.530$ 埃为单位

不过上面所假设的结构过分简单,不可能满意地描述这个体系。我们假定过电子与核 A 形成基态氢原子:

$$\text{结构 I} \qquad H_A\cdot \qquad H_B^+$$

电子与核 B 形成基态氢原子(它再和核 A 相作用)的结

构具有和第一结构同样的稳定性：

$$\text{结构 II}\qquad H_A^+ \qquad \cdot H_B$$

所以我们必须考虑在这两个结构间共振的可能性。这两个结构是等效的，具有的能量也是一样的。在这种情况下，量子力学的基本原则要求这两个结构对体系的基态做出均等的贡献。把对应于结构Ⅰ和Ⅱ的波函数叠加起来，重新计算能量曲线，可得到如图1-4中最下面的那条实线。它在 $r_{AB}=1.06$ 埃附近呈现出明显的极小，这表示由于电子在两个核间共振，形成了稳定的单电子键，键能大约是50千卡①/摩尔②。这种由于结构Ⅰ和Ⅱ的组合而带来的体系的额外稳定性以及键的形成，很难给予简单解释；它是量子力学的共振现象的结果。键的稳定性，可以说是电子在两核间往复共振的结果，共振频率等于共振能50千卡/摩尔除以普朗克常数 h。对于基态氢分子离子，这个频率为 7×10^{14}/秒，约为基态氢原子中电子绕核wdt轨道运动的频率的五分之一。

---

① 国际标准能量单位是焦耳，1卡＝4.1868焦尔。——编辑注

② 此处原为“克分子”，全书统改为“摩尔”。——编辑注

在图 1-4 上中上面一条实线表示基态氢原子和氢离子间相互作用的另一方式。这里结构Ⅰ和Ⅱ也有均等的贡献;在这种情况下,共振能使体系更不稳定,而不是更为稳定。当氢原子和氢离子彼此接近时,出现像这条曲线那样彼此相斥,或者像另一条曲线那样彼此相吸而形成基态分子离子的机会,是均等的。

在这个讨论中,我们忽略了氢原子和离子间的另一类型的相互作用,即在离子的电场中原子的变形(极化)。迪金森曾考虑到这一点,他证明了变形要对键能另加 10 千卡/摩尔的贡献。因此我们可以说在 H_2^+ 的单电子键的总能量(61 千卡/摩尔)中,约 80%(50 千卡/摩尔)系来自电子在两个核之间的共振,余下的则是来自变形。

非常精确的计算给出了从一个氢原子和一个氢离子形成基态氢分子离子时的能量为

$$D_0(H_2^+)=60.95\pm0.10 \text{ 千卡/摩尔}$$

这和已知的但还不够精确的实验值符合。平衡核间距的计算值是 1.06 埃,振动频率是 2250/厘米,这在计算和实验测定的精确度范围内也都与实验值相符。

图 1-5 示出氢分子离子的电子分布函数。可以看出,电子大部分的时间是存在于两核之间的很小区域

内,难得走到远离两核的外侧去;同时我们感觉到电子存在于两核之间,因而将两个核拉拢在一起,这对于键的稳定性提供了一些解释。相对于氢原子而言,电子分布函数表现得比较集中,由图 1-5 所示的最外一个等高面(相当于分布函数极大值的 $\frac{1}{10}$)所围起来的体积仅是氢原子的相应体积的 31%。

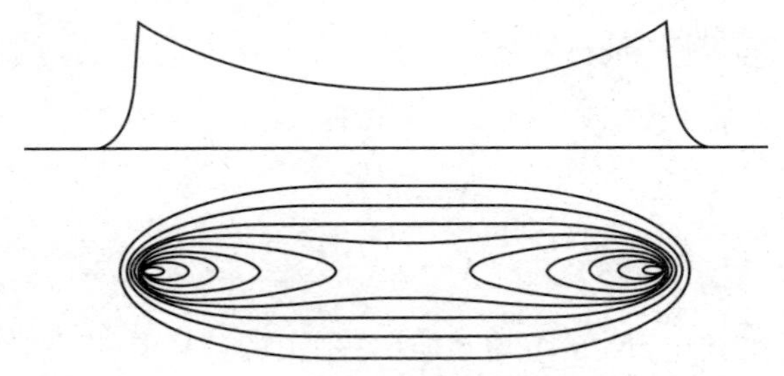

图 1-5　氢分子离子的电子分布函数

上面的曲线表示两核联线上的函数值,下面的是等高线图,

从最外面的 0.1 逐步地增加到核上的 1

为方便起见,我们可在被键合原子的符号之间加个点来表示单电子键,所以氢分子离子具有结构式 $(H\cdot H)^+$。

位力(virial)定理　我们可用另一种方法来讨论氢分子离子,以便对单子键的本质问题提供一些新的看法。这里可以应用在量子力学和经典力学都一样正确的位力定理。根据这个定理,在由电子和原子核所构成的任何体系(任何原子、分子、晶体)中,当其处在定态(基态或任何一个激发态)时,平均动能一定等于平均势能的 $-\frac{1}{2}$;因为体系的总能量等于动能和势能之和,所以平均动能就等于换过符号的总能量,而平均势能则等于总能量的两倍,即

$$\bar{V}=-2\bar{K}$$

$$W=-\bar{K}$$

$$\bar{V}=2W$$

在这些式中,$\bar{K}$ 是平均动能(总是正的),$\bar{V}$ 是平均势能,W 则为总能量,它是个常数。

例如,相对于彼此相距无限远的一个质子和一个电子而言,基态氢原子的总能量是 −13.60 电子伏或 −313.6 千卡/摩尔。因此这体系的平均动能必是 +313.6 千卡/摩尔,这个值正相当于上文所讲的方均根速度 v_0。在基态氢原子中,电子和原子核的平均势能是 −627.2 千卡/摩尔,它相当于 $r=0.530$ 埃(Bohr 半径)时

的库仑能$-e^2/r$。氢分子离子在其基态时的能量(相对于两个质子和一个电子)是$-313.6-60.9=-374.5$千卡/摩尔。因而在这个分子离子中,电子的平均动能约为374.5千卡/摩尔(因为两个核基本上是静止的,体系的大部分动能就是电子的动能)。在这个分子离子中,电子的运动比在基态氢原子中来得快。

氢分子离子的平均势能为-749千卡/摩尔。这个平均势能是由下列三项所组成的:两个质子间的平均势能,电子和第一个质子间的平均势能和电子与第二个质子间的平均势能,后两项是彼此相等的。从总的平均势能中减去两个质子在相距为1.06埃(氢分子离子的平衡核间距)时的相互作用势能,即得后面两项之和。质子间的库仑作用是相斥的,所以它的势能是正的,等于e^2/r;在$r=1.06$埃时,其值为314千卡/摩尔。由此得电子和两个质子的平均势能是$(-749-314=-1063)$千卡/摩尔。电子和每一个质子相互作用的平均势能就是此值的一半,即-532千卡/摩尔;这可和氢原子中的-627.2千卡/摩尔作比较。

我们可以说,氢分子离子相对于一个氢原子和一个质子的稳定性是电子分布函数在两个质子间的区域内高度集中的结果。这种集中使得电子和任一质子间的稳定化库仑作用($-e^2/r$),几乎与基态氢原子中电子和质子的相互作用一样大。所以在氢分子离子中单电子键的稳定性可归结为电子在这区域中的集中。对氢分子离子的波函数进一步分析,可以看出分布函数在两核之间的集中在很大程度上可被解释为相应于结构Ⅰ:H · H^+和结构Ⅱ:H^+ · H的两个波函数相加起来的结果。因此,我们可以说共振现象使得电子能够在电子与两核的相互作用最为强烈的区域内集中,从而给出了键能。

赫尔曼-费曼(Hellmann-Feynman)定理 赫尔曼(Hellmann)和费曼(Feynman)各自独立地发现了一个有趣的量子力学定理。这个定理指出,在分子中作用于每个核上的力恰等于根据经典静电理论从其他各个核以及各个电子的位置和电荷计算出来的值。在这个计算中,电子的空间分布,可按照电子波函数的平方来推求。在分子的平衡构型中,作用于每个核上的净力等于零。因此,就这个构型来说,一个核从其他各个核受到的推斥力恰好被它从各个电子受到的吸引力所抵消。

例如当氢分子离子在其平衡构型时,我们可以说电子的分布相当于:电子的 3/7 球形地分布于每个核的周围,其余分布于两核连线上的中心。这种分布使每个核受电子的吸力正好被它受另一核的斥力所平衡。

单电子键形成的条件 在氢分子离子中,单电子键的共振能决定于结构Ⅰ和结构Ⅱ($H\cdot H^+$ 和 $H^+\cdot H$)间的相互作用的大小,这可以用量子力学方法计算出来。这两个结构具有相同的能量,因而相互作用能就完全表现为共振能,即其间发生了完全的共振。但是如果A、B 两核是不相同的,则结构

Ⅰ $A\cdot$ B^+

和结构

Ⅱ A^+ $\cdot B$

对应于不同的能量值,不可能满足完全共振的条件。这两个结构中,比较稳定的那个结构(譬如说是结构Ⅰ)对体系基态将有较大的贡献,同时把这个体系稳定下来的共振能(相对于结构Ⅰ而言)的数量将比相互作用能小些。图 1-6 中的曲线示出两个共振结构的能量差对于共

振的阻碍的影响。这条曲线的计算方法见附录Ⅴ。相

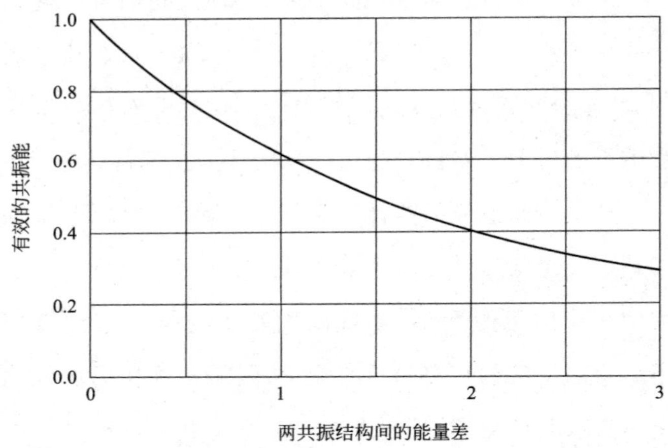

图 1-6　对于有两个共振结构的基态体系,稳定它的能量和两个结构间的能量差的关系

(相对于两个共振结构中最稳定的那个而言)

图中所用的能量单位是两个结构的作用能(共振积分)

对于结构Ⅱ而言,结构Ⅰ愈稳定,它对于体系基态的贡献也愈大,由结构Ⅱ参与共振以稳定体系的作用也就愈小。由于这个原因,我们估计只有在相同的原子间、或者是有可能使结构Ⅰ和Ⅱ具有近于相等的能量的不同

原子(即电负性相近的原子)间才能形成单电子键。

氢分子和电子对键

在 1927 年以前,不存在满意的共价键理论。化学家曾经假定在原子间有价键存在,并围绕着这个概念建立了整套的经验事实。但进一步追究价键的结构,却没有取得什么结果。路易斯采取了把两个电子和一个键联系起来的步骤,很难说是建立了理论,因为他对这种相互作用的本质以及键能的来源等基本问题都没有给出答案。直到 1927 年,通过康登(Condon)以及海特勒和伦敦等在氢分子方面的工作,共价键的理论才开始发展。下面将就这些工作做一些介绍。

康登对氢分子的处理　康登根据布劳(Burrau)对氢分子离子的处理方法讨论了氢分子。他把两个电子导入布劳对 H_2^+ 的单电子所给出的基态轨道中。具有这种结构的氢分子,其总能量由四部分组成:两个原子核的排斥能,布劳计算过的第一个电子在两个核的力场中运动的能量,与此相等的第二个电子运动的能量以及两个电子间的相互静电排斥能。康登并未通过具体积分来算出最后一项,他只假定它和两个电子对核的作用能的比值是和基态氦原子中的一样,因为氦原子正相当于氢分子中的两个质子融合成一个核的极限情况。

利用这种处理方法,他得到 H_2 的能量曲线的极小点位于 $r_{AB}=0.73$ 埃处,键能为 100 千卡/摩尔,这与实验非常符合。不过这种符合不可赋予很大的意义,因为对于电子排斥能的估计值的精确度,实在是相当难说的。

康登的处理方法正是讨论分子的电子结构的分子轨道法的雏形。在这个方法中,我们要安排出这样一个波函数,把一对电子引进一个运动范围伸展到两个或更多原子核的电子轨道中去。

讨论分子的电子结构的第二个方法通常称为价键法,它所用的波函数有这样的性质,即在两个原子间的电子对键的两个电子倾向于逗留在这两个不同的原子上。这种方法的雏形是海特勒和伦敦处理氢分子的方法。我们现在就来讨论这个方法。

氢分子的海特勒-伦敦(Heitler-London)处理法 氢分子是由可标记为 A 和 B 的两个核以及可标记为 1 和 2 的两个电子所组成的。就像在氢分子离子的处理那样，我们要计算不同核间距 r_{AB} 情况下的相互作用能。当两个核彼此远离时，体系的基态就是两个基态氢原子。我们可以假定电子 1 和核 A 相结合，电子 2 和核 B

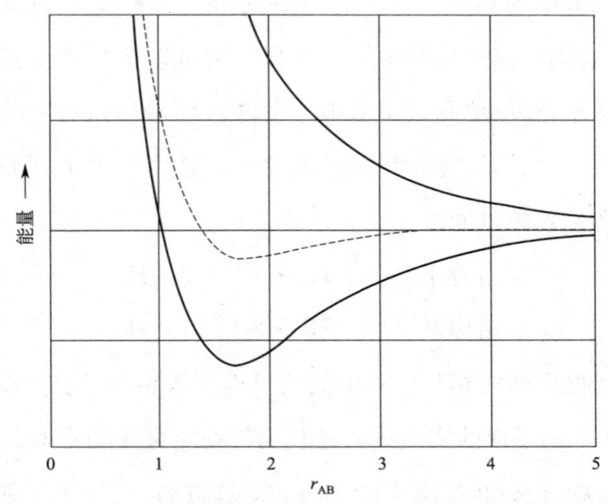

图 1-7 表示两个基态氢原子相互作用能的曲线

核间距 r_{AB} 的标度以 $a_0=0.530$ 埃为单位

相结合。把相互作用能作为核间距的函数来计算时，我们发现在远距离时存在着微弱的吸引；但是当 r_{AB} 进一步缩小时，它迅速地变为强烈的排斥(参见图 1-7 中的虚线)。根据这个计算看来，这两个原子不会结合成稳定的分子。

不过这里我们忽略了可能的共振现象。因为电子 2 和核 A 结合、电子 1 和核 B 结合的结构，与上面所假定的等效结构具有完全一样的稳定性。按照量子力学原则，我们不该认为其中某一单独结构可以描述这个体系的基态，相反地我们要采用一个这两种结构做出同样贡献的组合，即计算时我们必须考虑到这两个电子有如下交换位置的可能性：

结构Ⅰ　　$H_A \cdot 1 \quad 2 \cdot H_B$

结构Ⅱ　　$H_A \cdot 2 \quad 1 \cdot H_B$

这样得出来的相互作用能曲线具有明显的极小点(参见图 1-7 中下面的实曲线)，这相当于稳定分子的形成。由海特勒、伦敦和杉浦义胜(Sugiura)算得的、从分开的原子生成分子时的生成能约为实验值 102.6 千卡/摩尔的 67%，平衡核间距的计算值比观察值 0.74 埃大 0.05 埃。

此外，海特勒-伦敦波函数并不满足位力定理的要求(它不能使平均势能等于动能平均值的负两倍)，因此作为分子正确波函数的近似，它是相当差的。

王守竞对波函数作了简单的改进。他用有效核电

荷为 Z' 的 1s 波函数来代替对分别围绕着核 A 和核 B 而波函数径向部分相应于单位核电荷的基态氢原子 1s 波函数,而且允许 Z' 变动到能量取得极小值。这样的处理给出符合位力定理要求的结果。利用这个波函数算得的平衡核间距为 0.75 埃,与实验值相符;算得的键能为正确值的 80%。有效核电荷 Z' 是 1.17,这正像把电子分布函数适当地收缩到靠近两个核的区域内去。

由此可以看到,对两个氢原子的体系进行这样一个非常简单的处理,能使稳定分子的生成得到解释,那就是电子对键的能量主要是相当于两个电子在两个原子轨道之间相互交换的共振能。

部分离子性和变形作用 在以上的讨论中,都只考虑氢分子的两个电子在运动中分别靠近不同的核的结构。不过两个离子型结构Ⅲ及Ⅳ为

结构Ⅲ H_A^-: H_B^+

结构Ⅳ H_A^+ :H_B^-

即两个电子和同一个核结合在一起的结构也应该予以考虑。这类结构包含一个正的氢离子 H^+ 和一个具有氦结构(K 层满填)的负的氢离子 $H:^-$。

共振最重要的规则之一是仅在具有同样多的未配对电子的结构之间才能发生共振。因为在负的氢离子中,两个电子占有同一轨道,因而它们是配对的,同时结构Ⅰ和Ⅱ中的成键电子也是配对的,所以上述条件是满足了,因而可以预料到在基态氢分子中,结构Ⅲ、Ⅳ是和结构Ⅰ、Ⅱ具有同样重要性的。

当核间距离较大时,离子型结构Ⅲ和Ⅳ便不重要了。这是因为

$$H+H \longrightarrow H^+ + H^-$$

的反应热是-295.6 千卡/摩尔,它是氢的电子亲和能

$$H+e^- \longrightarrow H^- + 16.4 \text{ 千卡/摩尔}$$

和氢的电离能

$$H^+ + e^- \longrightarrow H + 312.0 \text{ 千卡/摩尔}$$

之差;这个差值大到使得结构Ⅲ、Ⅳ远不及Ⅰ、Ⅱ稳定,以致前者不能有什么贡献。但当 r_{AB} 减小时,H^+ 和 H^-

的库仑吸引力稳定了结构Ⅲ和Ⅳ；在平衡距离 $r_{AB}=0.74$ 埃时，每一离子结构对分子基态的贡献约为 2%，相应的额外离子共振能约为 5.5 千卡/摩尔，或总能量的 5%。

实测键能中余下的 15%可能是由变形作用而来；这项指的便是包括所有在前面简单处理中被忽略了的复杂的相互作用。经过多方面的努力，终于由詹姆斯(James)和柯立芝(Coolidge)做出了对基态氢分子的彻底满意而又精确的理论处理。经过他们仔细而费功夫的研究，获得的分子键能值是

$$D_g(H_2)=102.62\ \text{千卡/摩尔}$$

这与实验完全一致；平衡核间距和振动频率也表现出同样的符合。对基态氢分子的其他性质——抗磁性磁化率、电极化率及其各向异性现象、范德华力等，也都做过理论计算，并获得满意的结果。所以这个简单的共价分子的结构现在已经得到很好的解释。

将上述结果归纳起来，氢分子中的键可描述为主要是两个电子在两个核间共振的结果，这种现象贡献出总

能量的80%,另外5%是由同样重要的两个离子型结构 H^-H^+ 和 H^+H^- 所分担;键能中余下的15%可算到称为变形作用的各种复杂相互作用上面去。

生成电子对键的条件 在1-4节中已经指出,在两个原子之间导致稳定单电子键生成的共振作用,在两个原子不相同的情况下,一般受到很大的妨碍,结果这种键就很少出现。我们看到对于电子对键则没有这种限制;即使两个原子不同,由两个电子1和2在两个原子A和B间交换而成的两个结构Ⅰ和Ⅱ也仍是等效的。因而不管两个原子是否相同,都存在完整的共振作用,键的共振能等于两个结构的相互作用能。所以在形成电子对键时,对于各原子的性质方面并无什么必须满足的特殊条件,这样我们也就不必为电子对键如此广泛出现和特别重要而感到费解了。

对不相同原子来说,也正如相同原子一样地存在着离子型结构 $^+B^-$ 和 $^-B^+$ 之间的共振。事实上,如果原子A和B的电负性相差很大,这样的共振就更加重要,特别是其中比较适合电负性倾向的那个离子型结构贡献尤其大。关于共价键的这一方面将在第三章中加以探讨。

下一章中将对原子的电子结构进行详尽的讨论，以便为这一章最后一段介绍形成共价键的形式规则做好准备。

（参考文献和注，略）

原子的电子结构和形成共价键的形式规则

The Electronic Structure of Atoms and the Formal Rules for the Formation of Covalent Bonds

为了研究分子的电子结构和化学键的本质，有必要了解一下原子的电子结构。关于原子里电子结构的知识几乎都是来自气体光谱的分析。在本章中我们将讨论光谱的性质以及由此导出的一些关于原子里电子结构的知识，来为本书的后几章做准备。在本章的结尾将介绍形成共价键的形式规则。

线光谱的解释

当我们把从光源发射出来的辐射用棱镜或光栅分解成为光谱时，我们会发现它的强度按波长的分布是和光源的性质有关的。由炽热固体所发射的光，它的强度随着光谱的位置产生逐渐的变化，这个变化主要决定于这一物体的温度。受热的气体或者通过放电或其他方法激发发光的气体，能发射出一个由许多细线条所组成的发射光谱，其中每条谱线各有确定的波长。这种光谱称为线光谱。有时许多线靠得很近而又大约等距离地彼此分开。我们说这样的谱线组成一个光带，这种光谱称为带光谱。当连续波长的辐射通过气体时，也会观察到吸收谱线和吸收谱带。这样的在亮的背景上呈现出来的黑暗的线状或带状光谱称为吸收光谱。

双原子或多原子分子在发射或吸收辐射能时生成带光谱，线光谱则是由原子或单原子离子所生成。带的结构和分子内原子核的振动和分子的转动有着一定的关系。

谱线的强度和波长是由发射辐射的原子或分子所决定的。图 2-1 示出一个有代表性的光谱——氢的原子发射光谱,让电火花通过含氢气的放电管就能获得这个光谱。在光谱照片的下面列出了各谱线的所在位置。标记谱线的位置可用其波长 λ(通常用埃为量度单位)、频率 $\nu=c/\lambda$(其中 c 为光速,频率则以秒$^{-1}$ 为量度单位)或波数亦即波长的倒数 $\nu=1/\lambda$(以厘米$^{-1}$ 为量度单位)(注意 ν 这个符号常常既用以代表频率,又用以代表波数,它的含义要看上下文的具体情况决定;有时也用 ν 表示频率,而用 ω 表示波数)。光谱的可见区大概是从 $\lambda=7700$ 埃(红色)到 $\lambda=3800$ 埃(紫色)。为了书写的方便,对例如 $\lambda=2536$ 埃的谱线记为 $\lambda2536$。

简单线光谱的一个特色是这些谱线可以组成谱系。在每个谱系中,相邻谱线之间的距离朝紫色方向逐渐缩小(图 2-1),这样的波长序列使得有可能用外推法定出这个谱系的极限波长。

“原子是由一个核和一个或较多的电子所构成的体系”这样一种概念是为着解释莱纳德(Lenard)和卢瑟福(Rutherford)关于阳极射线(迅速运动着的正离

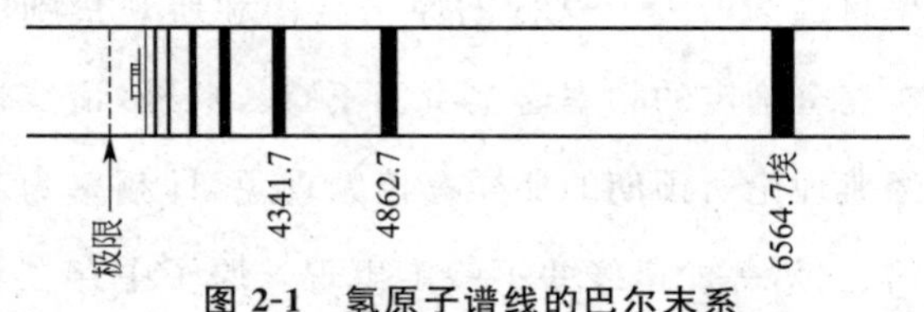

图 2-1 氢原子谱线的巴尔末系

右端波长最长的那条线就是 H_α 线,它相当于从 $n=3$ 的状态向 $n=2$ 状态过渡的跃迁;其他的谱线各相当于从 $n=4,5,6\cdots$ 的状态向 $n=2$ 的状态过渡的跃迁

子)和 α 质点(由放射性物质放射出的氦核)通过物体的实验而发展起来的。和原子相比较,电子和核都是非常之小——它们的直径在 $10^{-18}\sim10^{-12}$ 厘米之间,亦即在 $10^{-5}\sim10^{-4}$ 埃之间,而原子的直径则在 2~5 埃的数量级。核电荷的大小总是电子电荷的整倍数,符号是正的,因而可写成 Ze,这里 Z 便是该元素的原子序数。一个电中性的原子,核外有 Z 个电子。

按照经典力学的定律,组成原子的原子核和电子这样一个体系,只有在电子都落入原子核里时才能达到最终的平衡。根据经典力学可以预期:电子是沿着轨道绕核旋转的,由于带电质点即电子在轨道上的加速,将以辐射形式不断地放出能量。在光辐射过程中,电子运动的频率将逐渐改变。这样的原子结构和所观察到的谱线具有完全确定的频率这个事实不符。此外,谱线也没有像经典理论所预期的那样有倍频现象,即频率为基频的两倍、三倍等的谱线并不一定出现。原子中存在着电子肯定没有落到原子核里的不辐射能量的基态,这又是和经典理论不符的另一点。指出了发展一种与处理宏观体系的经典力学不同的新的原子力学是必要的,这个新的原子力学称为量子力学。

解释光谱的两个基本假定是定态的存在和玻尔的频率规则,这些假定都是 1913 年玻尔在他有名的论文中提出的,在不过几年之内,它导致光谱现象的全部阐明。普朗克已经在 1900 年提出,在与温度为 T 的物体相平衡的真空空间中每单位体积(1 厘米^3)所含有而频率在 ν 到 $\nu+\mathrm{d}\nu$ 的范围内的能量 $\mathrm{d}W$,根据实验测定的结果,可以用下式表示:

$$\mathrm{d}W=\frac{8\pi h\nu^3}{c^3(\mathrm{e}^{h\nu/kT}-1)}\mathrm{d}\nu \tag{2-1}$$

其中 ν 为光的频率,k 为玻耳兹曼(Boltzmann)常数,T 为绝对温度,h 是个自然常数,命名为普朗克常量。这是一个不能通过经典统计力学得出的方程式;普朗克指出,如果假定原子或分子发射出来的辐射能,不是任意大小的而是整份的,每一份带有能量 $h\nu$,就可以导出这个方程式。爱因斯坦进一步提出,这样的整份能量不是由辐射原子均匀地向各个方向发射出来,而是像质点那样朝一个方向发射。这样的整份辐射能被称为光子或光量子。

可以用量子概念阐明的第二个现象是光电效应,这是爱因斯坦在 1908 年予以解释的。当光照射到金属板上面时,板的表面就发射出电子,但是逸出电子的速度,并不如经典理论所预期的那样和光的强度有关。相反地,射出电子(光电子)的最大速度决定于光的频率,它恰好相当于一个光量子的能量 $h\nu$ 转变为把电子赶出金属板所需的能量加上射出电子的动能。爱因斯坦同时也提出了他的光化学当量定律:按照这个定律,一个能量为 $h\nu$ 的光量子被吸收时,能活化一个分子使之进行化学反应。在所有这些情况下,以量子形式发射或吸收辐射的体系(原子、分子或晶体),都是从具有一定能量的某一状态不连续地转变到能量少了或多了 $h\nu$ 的另一状态。

定态;玻尔频率原理

以上一些事实以及谱线频率的观测结果引出了玻尔的两个假定,现在分别介绍如下。

Ⅰ. **定态的存在** 一个原子体系具有一系列的定态,每一定态相当于体系能量 W 的一个确定值;从一个定态到另一定态的跃迁,将伴随着辐射的发射或吸收,或者它和别的原子或分子体系之间的能量转移,这个能量的变化正等于两个定态的能量差。

Ⅱ. **玻尔频率原理** 体系从其能量为 W_1 的始态迁移到能量为 W_2 的终态时所吸收的辐射的频率应是:

$$\nu=\frac{W_2-W_1}{h} \tag{2-2}$$

(负的 ν 值相当于发射的情况)。

这两个假定是和原子发射光谱的谱线频率可以表示为整组频率值中两项之差这样的实验事实相符的。这些频率值称为原子的项值或光谱项。现在看来,这些项值就是各个定态的能值被 h 除(从而得出频率,单位为秒$^{-1}$)或 hc 除(从而得出波数,单位为厘米$^{-1}$,项值表中通常是这样列出的)的结果。

在下一节中指出,巴尔末(Balmer)在1885年发现氢光谱的某些谱线频率可以表示为项值之差。瑞典的光谱学家里德伯(Rydberg)在1889年对钠的谱线提出了类似的表示法。1908年,里兹(W. Ritz)才把光谱项值的观念加以普遍化。1901年,美国学者施奈德(C. P. Snyder)发表了关于铑的复杂光谱的分析,通过一组项值对476条谱线进行了解释。在其后的25年间,特别是在玻尔正式提出他的假定以后,在光谱的分析以及随着发展起来的原子结构的近代理论方面有着迅速的进展。

氢原子的定态

图2-2示出了氢原子的能级图,能量选定为零的参考状态是质子和电子分离得无限远亦即氢原子电离化时的状态。

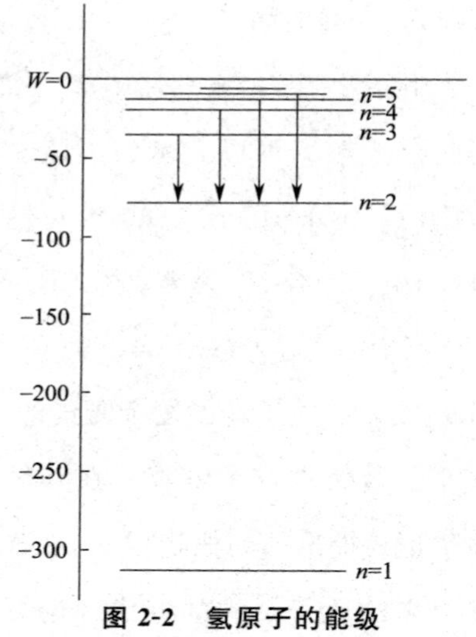

图 2-2　氢原子的能级

箭头指出发射光谱中巴尔末线系的前四条谱线

相对于这个电离化的状态,氢原子的各个定态的能量都是负值。玻尔方程给出了各个定态的能值:

$$W_n = -\frac{R_H hc}{n^2} \tag{2-3}$$

式中的 R_H 称为氢的里德伯常量,它的数值为 109677.76 厘米$^{-1}$。h 是普朗克常量,c 是光速,n 是主量子数,它可取 1,2,3,4,…整数值。

氢原子从一个定态向另一定态跃迁时发射的光谱线的频率,可根据玻尔频率规则结合着上述表示定态能值的式子加以计算。例如,对应于图 2-2 中箭头所指出的跃迁,即相当于从$n=3,4,5,\cdots$的状态到 $n=2$ 的状态的跃迁,其谱线的频率由下式给出:

$$\nu=R_{\mathrm{H}}h\left(\frac{1}{2^{2}}-\frac{1}{n^{2}}\right) \tag{2-4}$$

这个方程是巴尔末在 1885 年发现的。这些谱线构成巴尔末线系。氢的其他线系相当于从各个高态到 $n=1$ 的状态(赖曼线系),到$n=3$ 的状态(帕森线系)等的跃迁。

从氢原子的赖曼线系和其他线系各个谱线的波长测定出来的里德伯常量 R_{H} 的数值,可知氢原子在基态(即 $n=1$)时的能量为-313.6 千卡/摩尔(-13.60 电子伏*),所以使基态氢原子电离所需要的能量为 313.6 千卡/摩尔,这个值称为氢的电离能。光谱研究提供了大多数元素的原子电离能的数值。

玻尔在他 1913 年的一系列论文中发展了关于氢原

* 原书误作千卡/摩尔,已改正。——译者注

子定态的理论。按照他的理论,电子是沿着圆形轨道绕着质子运动。他假定定态中的角动量必须等于 $nh/2\pi$,其中 $n=1,2,3\cdots$。在附录Ⅱ中推导出玻尔圆形轨道的能量值。对于绕着带有 Ze 电荷(对于氢原子 $Z=1$;氦离子 He^+,$Z=2$,等等)的原子核旋转的电子,玻尔理论导出各定态能量的表示式为

$$W=-\frac{2\pi^2 m_0 Z^2 e^4}{n^2 h^2} \tag{2-5}$$

玻尔说明了把已知的电子的质量 m_0、电子的电荷 e 和普朗克常量 h 的数值代入 $2\pi^2 m_0 e^4 ch^3$,得出的数值正和氢的里德伯常量的实验值相符,因此他的理论立即为其他物理学家所接受。

按照玻尔理论,在基态氢原子的圆形轨道上运动的电子,其速度是 $v_0=2\pi e^2/h=2.18\times10^8$ 厘米/秒。在激发中,速度随 n 作反比变化;在类氢离子(如 He^+ 等)中则随 Z 正比地增加。基态氢原子的玻尔轨道半径为 $a_0=h^2/4\pi^2 m_0 e^2$,它等于 0.530 埃。各激发态的玻尔半径与 n^2 成正比,即 $n=2$ 时四倍于 a_0,$n=3$ 时九倍于 a_0,等等。对于类氢离子,半径与 Z 成反比。

量子力学发现的结果使这种原子的图画发生了某些改变。按照量子力学,电子在氢原子中的运动是用在第一章介绍过的波函数 ψ 来描述的。氢原子在基态以及各个激发态中的波函数 ψ 的表示式列于附录Ⅲ中。这些波函数是由三个量子数来标明的:主量子数 n,其数值为 1,2 …;角量子数 l,其数值为 0,1,2,…,$n-1$;磁量子数 m_l,其数值为 $-l,-l+1\cdots,0,\cdots+l$。对于氢原子和类氢离子;能量仅由主量子数 n 决定(其他量子数所引起的非常小的能量变更不计在内)。氢原子在 $n=1$ 时的基态是由下列单一组的量子数来描述的:$n=1,l=0,m_l=0$。

角量子数 l 是用来量度电子在其轨道上的角动量的。轨道角动量等于$\sqrt{l(l+1)}\,h/2\pi$。氢原子中,基态氢原子的电子($l=0$)没有任何角动量,因而我们对于基态氢原子的看法应和玻尔所假定的有些不同。图 2-3 的左边示出了氢的玻尔圆形轨道,电子在半径为 a_0 的圆形轨道上运动。这个图像是不够满意的,因为在这样运动情况下原子应该有轨道角动量,但实验已经表明基态氢原子是没有任何轨道角动量的。图 2-3 的右边是椭圆轨道的极端情况,即短轴为零的情况,与这种轨道相应的角动量为零。

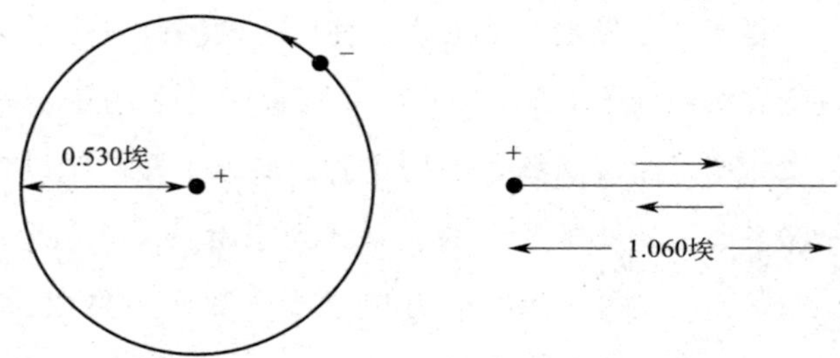

图 2-3　左边示出一个玻尔原子的圆形轨道,右边示出一个极为偏心的没有角动量的轨道(线形轨道)

这样的描述略为接近于量子力学所描述的基态氢原子的情况

这个图像代表一种由于质点绕引力中心做经典运动的类型,它相当于把电子描述为从原子核出发,走出距离 $2a_0$ 之后又返回到核的运动。与表示基态氢原子中电子分布的图 1-3 进行比较,可以看出电子是朝着空间的所有方向对核做进出运动,因而形成了原子的球形对称性,而且电子离核的距离并不严格地被限制在小于 $2a_0$ 的范围内。根据量子力学中的海森伯不确定原理,质点的动量和位置不可能同时被准确地测定,因此我们不应该希望像图 2-3 那样能用确定的轨道来描述基态氢原子中的电子运动;然而这种类型的经典运动相当接近于量子力学对常态氢原子所给出的描述,因而讨论它仍有一定的作用。

图 2-4 中画出了氢原子在各激发态如 $n=2$，$n=3$ 和 $n=4$ 时的玻尔轨道，按量子力学的要求，它们的角动量等于$\sqrt{l(l+1)}\,h/2\pi$。$l=0$ 的电子称为 s 电子，$l=1$ 的称为 p 电子，以下依次为 d、f、g、h，…。s 电子没有任何角动量，而 p、d、f，…电子则具有依次增大的角动量。

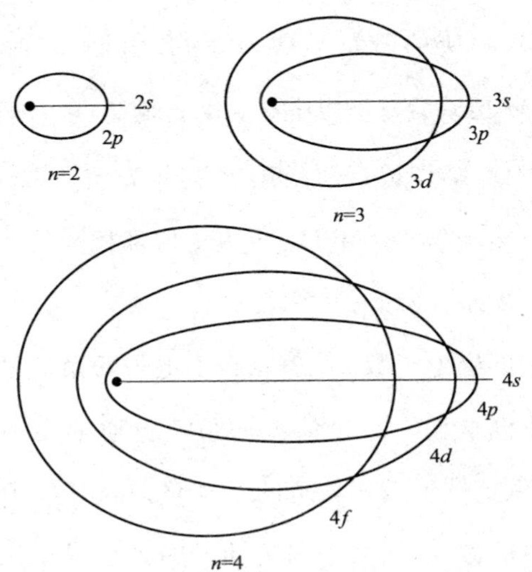

图 2-4　主量子数为 2,3 和 4 的氢原子的玻尔轨道

这些轨道是根据量子力学所要求的角动量值来绘画的

主量子数 n 相同的电子组成一个电子层。$n=1,2,3,4,5,\cdots$ 的各个电子层分别用符号 $K,D,M,N,O,\cdots$ 标记。化学上特别有用的另一种电子层分类法(分别称为氦层、氖层、氩层,等等)将在第 2-7 节中加以讨论。

每一层中只有 1 个 s;轨道(见附录Ⅲ);相应的量子数是 $l=0,m_1=0$。从 L 层开始,每一层中有 3 个 p 轨道($l=1$),相应的磁量子数 m_l 的数值是 -1,0 和 $+1$。同样地,M 层以后每一层中有 5 个 d 轨道($m_l=-2,-1,0,+1,+2$),N 层以后每一层有 7 个 f 轨道($m_l=-3,-2,-1,0,+1,+2,+3$)。n 和 l 值都相同的轨道称为属于同一副层。

不同的磁量子数 m_l 值相当于电子的角动量向量在空间的不同取向。一个体系的角动量通常用一个向量来表示,例如圆形玻尔轨道的角动量向量是朝着垂直于轨道平面的方向,其大小和角动量的大小成正比。磁量子数 m_l 表示角动量在空间的某一个指定方向、特别是在磁场方向上的分量。图 2-5 中的各个图示出了各个 p 轨道、d 轨道和 f 轨道的角动量向量和场的方向间的夹角。在每个情况下，$m_l=0$ 都相当于角动量在场的方向上的分量等于零；$m_l=+1$ 时则分量为 $h/2\pi$；$m_l=+2$ 时，则分量为 $2h/2\pi$，等等。

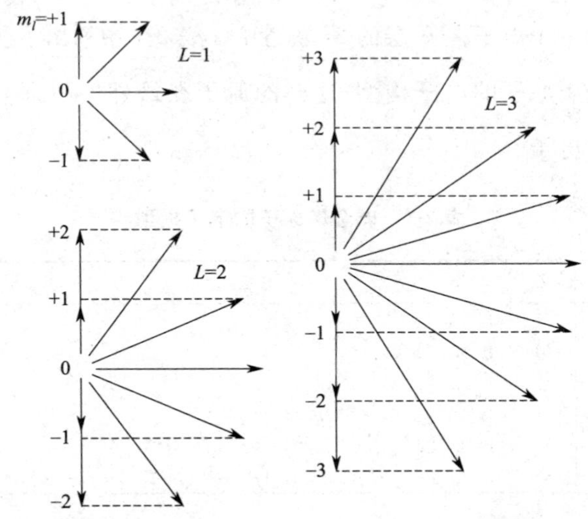

图 2-5　角动量量子数 *L* 等于 1，2 和 3 时轨道角动量向量的取向

量子力学所给出的基态氢原子的电子分布函数 ψ^2 已在第一章中简单地讨论过了。其余轨道上的电子分布函数将在下一章中加以讨论。

碱金属原子的电子结构

基态的锂原子在 K 层有着两个电子,它们的 $n=1$,还有一个电子在 L 层的 $2s$ 轨道中。表 2-1 中列出了所有碱金属原子的电子构型;这样的原子在最外层中都有着一个电子。

表 2-1　碱金属原子的电子构型

原子	Z	电子构型
Li	3	$1s^2 2s$
Na	11	$1s^2 2s^2 2p^6 3s$
K	19	$1s^2 2s^2 2p^6 3s^2 3p^6 4s$
Rb	37	$1s^2 2s^2 2p^6 3s^2 3p^6 3d^{10} 4s^2 4p^6 5s$
Cs	55	$1s^2 2s^2 2p^6 3s^2 3p^6 3d^{10} 4s^2 4p^6 4d^{10} 5s^2 5p^6 6s$
Fr	87	$1s^2 2s^2 2p^6 3s^2 3p^6 3d^{10} 4s^2 4p^6 4d^{10} 4f^{14} 5s^2 5p^6 5d^{10} 6s^2 6p^6 7s$

图 2-6 示出通过锂谱线的分析得出的锂原子的一些能级,可以看到这和氢的能级图有显著的差别:对于氢来说,$2s$ 和 $2p$ 的能级有相同的能量,$3s$,$3p$ 和 $3d$ 也是如此,等等;而在锂原子中,这些能级就分裂了,它们既与主量子数有关,也和角量子数 l 有关。

氢的能级也列在图 2-6 中的右面,$4f$、$5f$ 和 $6f$ 的

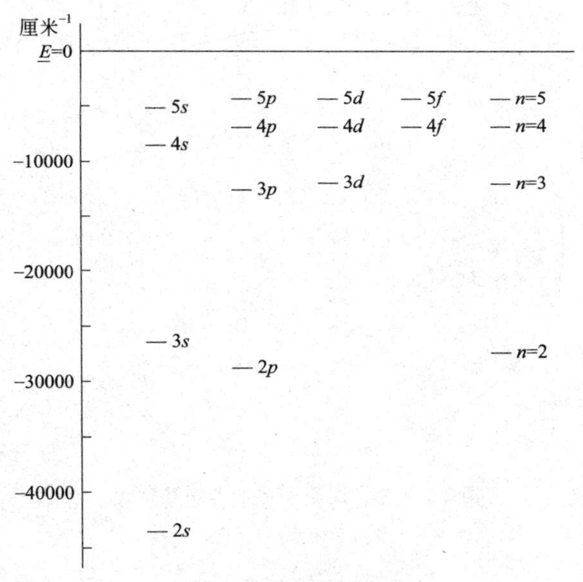

图 2-6　锂原子的能级

符号 2*s* 等给出一个电子的量子数；另两个电子在 1*s* 轨道中；

最右边是氢的能级

能值与氢的非常接近，3*d*，4*d*，…的能值比氢的略低，对于各 *p* 态更低了些，对于各 *s* 态则更低。在量子力学发展以前，薛定谔在 1921 年就已对这种情况提出了解释。这个解释可用图 2-7 和 2-8 表明出来。薛定谔建议，锂的内电子层可以用一个均匀分布于适当半径的球面的等效电荷来代替，对锂来说半径约为 0.28 埃。在这一

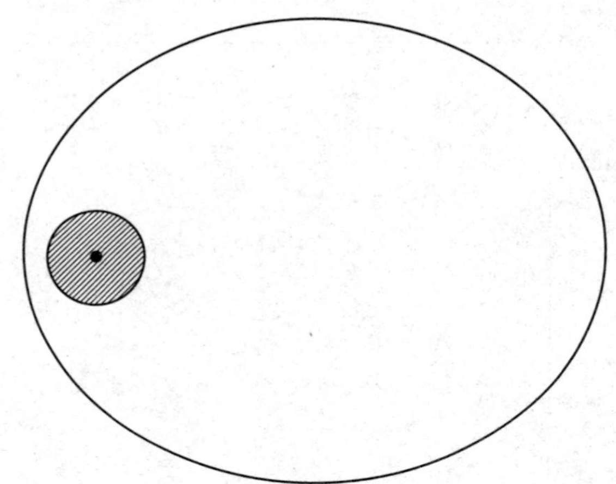

图 2-7　碱金属原子中的非贯穿轨道

那些内层的电子用绕核的阴影区域表示

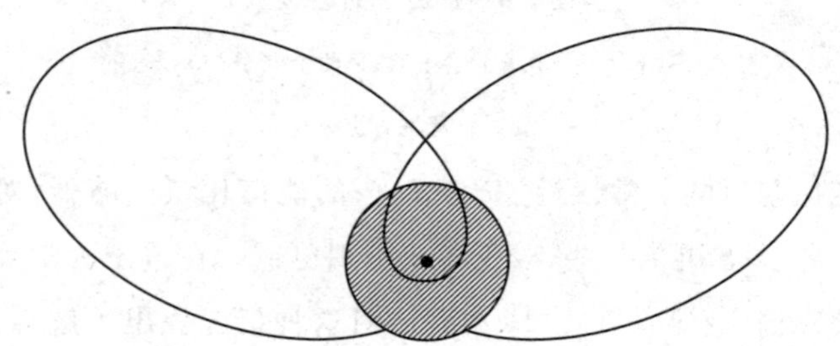

图 2-8　类碱金属原子中的贯穿轨道

层外面的价电子将在具有电荷$+3e$的核加上具有电荷$-2e$的两个K电子的电场(也就是净电荷为$+e$电场)中运动。当电子在K层外时,可以预期其运动情况相应于类氢电子。图2-7画出了一个这种类型的轨道,它可称为非贯穿轨道。与图2-4比较可以看出,激发态锂原子的f电子或d电子基本上将是非贯穿的;但轨道伸展到核的s电子肯定将要穿过K层,p电子也可能在某种程度上会贯穿K层。贯穿轨道上的电子(图2-8)将在运动过程中进入具有电荷$+3e$的核而只有部分在被K电子屏蔽的引力场中运动,因而这样的电子大为稳定下来。

近年来,对于锂原子和其他原子的能级进行了许多细致的量子力学计算,所得的结果很好地与实验相符,因而薛定谔波动方程无疑为原子和分子的电子结构提供了一个满意的理论。但是对于含有几个电子的原子和分子来说,要获得可靠的能值,就需要进行工作量非常繁重的计算工作,因此关于原子和分子的电子结构的知识,绝大部分还是来自实验而不是出自理论计算。

l的选择定则　图2-6是通过锂原子光谱的分析得出的锂的能级图。在锂的光谱中观察到的谱线相当于能级图所示出的从一个状态到另一个状态的跃迁。但是被观察到的谱线并不等于各能级的所有可能的组合；相反地，这里只出现量子数 l 的变化是 $+1$ 或 -1 的组合。这个规律称为 l 的选择定则。例如，一个在 p 轨道中的电子可以向能量较低的 s 轨道或 d 轨道跃迁并发射出相应的谱线，但不能向 f 轨道跃迁。

当光通过含有基态锂原子因而价电子就在 $2s$ 轨道中运动的锂蒸气时，伴随着辐射能的吸收而发生的跃迁仅限于到 $2p$、$3p$、$4p$ 等能级的跃迁。图 2-6 示出了这些跃迁，它们构成了锂的吸收光谱。

由这种光谱系中谱线的频率可以外推得到相应的电离能。应用这个方法已经从光谱数据测定了许多原子和离子的电离能值。表 2-2 中列出了一些碱金属的电离能。

表 2-2　碱金属原子的电离能

原　　子	第一级电离能(焓)/千卡·摩尔$^{-1}$	
	0K	298.16K(15℃)
Li	124.21	125.79
Na	118.48	120.04
K	100.08	101.56
Rb	96.29	97.79
Cs	89.75	91.25

自旋的电子和谱线的精细结构

在前面各节所讨论的原子模型给简单的光谱做了相当好的说明,但它还不够全面。例如,对锂来说,从 $2p$ 状态到 $2s$ 状态的跃迁,从图 2-6 来看是一条单线(波长为 6707.8 埃),但事实上它是由波长相差 0.15 埃的双重线组成的。同样,钠从 $3p$ 到 $3s$ 的跃迁也是双重线,它是由波长分别为 5889.95 埃和 5895.92 埃的两条谱线构成;这就是熟知的钠的双重黄线,在钠光灯中可以见到。

这些谱线和其他一些显示精细结构的谱线的分裂可用图 2-9 所示的锂原子的能级图来解释。这个图示出了 $2p$,$3p$,$3d$ 等能级都分裂为彼此间略为分开的两个能级,而 $2s$,$3s$,$4s$ 等能级则没有这种分裂。

能级的这种复杂性,可由每个电子本身具有自转运动即自旋的事实得到解释。每个电子的自旋角动量为 $\sqrt{s(s+1)}h/2\pi$,这里 s 是自旋量子数,它的值总是 1/2。这个电子也具有和这种自旋联系在一起的磁矩;根据测定电子性质的一些实验表明电子的磁矩是

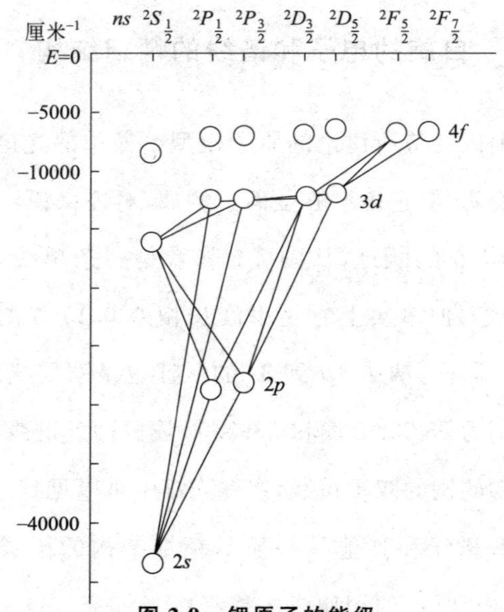

图 2-9　锂原子的能级

图中示出了双重能级的分裂以及伴随着

辐射能吸收或发射的跃迁

$$2 \cdot \frac{e}{2m_0c} \cdot \frac{\sqrt{3}}{2} \cdot \frac{h}{2\pi}$$

因此电子有如下一些性质：

电荷　$-e=-4.803\times10^{-10}$ 静电库仑；

质量　$m_0=9.11\times10^{-28}$ 克；

角动量　$\frac{\sqrt{3}}{2}\cdot\frac{h}{2\pi}=0.913\times10^{-27}$ 尔格①·秒；

磁矩　$\frac{\sqrt{3}}{2}\cdot\frac{h}{2\pi}\cdot\frac{e}{m_0c}=1.608\times10^{-20}$ 尔格·高斯$^{-1}$②。

特别值得注意的是：电子自旋的磁矩和其自旋角动量之比 $(2e/2m_0c)$ 恰好是轨道磁矩(即电子在轨道上运动时的磁矩)和其轨道角动量之比 $(e/2m_0c)$ 的两倍。

图 2-9 中的那些能级是用所谓罗素-桑德斯谱项符号表示的。例如锂原子的基态用符号 $2s\,^2S_{\frac{1}{2}}$ 表示，符号 $2s$ 是指价电子占有 $2s$ 轨道。余下的部分 $^2S_{\frac{1}{2}}$ 则表示原子中的各种角动量，像 $^2S_{\frac{1}{2}}$ 这样的罗素-桑德斯符号给出这个原子的 3 个量子数：量子数 S 是表示原子中所有电子总自旋的量子数；量子数 L 是表示原子中所有电子总轨道角动量的量子数；量子数 J 则是代表由于各个电子的自旋运动和轨道运动而产生的原子总角动量的量子数，因而是由 S 和 L 合起来的。当原子中只有一个价电

---

① 能量单位，1 尔格 $=10^{-7}$ 焦尔。——编辑注

② 高斯为非国际通用的磁感应强度的单位。——编辑注

子时,原子的自旋量子数 S 为$\frac{1}{2}$。在谱项左上角的上标等于 $2S+1$(当 $S=\frac{1}{2}$时,就等于 2);它表示能级的多重性,相当于量子数 S 在空间取向的不同方式的数目。符号中大写的字母给出轨道角动量量子数的值;字母 S,P,D,F,G,…依次代表 $L=0,1,2,3,4,\cdots$的情况。对于只有一个价电子的原子(如图 2-9 所表示的各个状态)而言,大写的字母和用来表示价电子轨道的小写字母是相同的。右下角的下标给出了量子数 J,也就是表示了自旋角动量和轨道角动量的合成值。

在只有一个价电子的情况下,S 等于$\frac{1}{2}$,因而 J 只有两个可能的值,即 $L+\frac{1}{2}$和 $L-\frac{1}{2}$。图 2-10 是$^2D_{\frac{5}{2}}$和$^2D_{\frac{3}{2}}$两个状态中自旋角动量和轨道角动量耦合的向量图。

从观察中发现,在伴随着光发射或吸收的量子跃迁中,J 值的改变只能是$+1$,0 或-1,这便是 J 的选择法则。图 2-9 示出了由 L 和 J 的选择法则所允许的跃迁。可以看到,只有牵涉 S 状态的跃迁才产生双重谱线,其余的都是叁重线。双重性这个名词并不是指多重谱线中有几条分谱线,而是指着能级的多重性。图 2-10 中,谱项符号左上角的 2 字通常读为“双重的”,因此基态也被说成为双重态,即使它并不分裂成为两个能级。

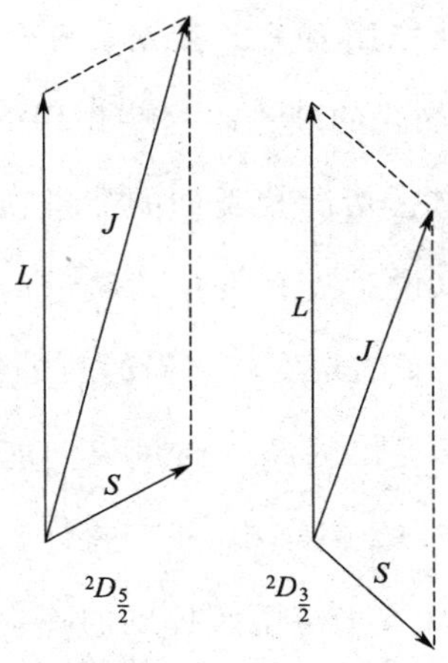

图 2-10　$^2D_{\frac{5}{2}}$ 和 $^2D_{\frac{3}{2}}$ 状态中,通过自旋角动量和轨道角动量的相互作用形成总角动量的示意

从图 2-10 中可以看出,电子的自旋运动和轨道运动间的相互作用能并不很大。这个作用能随着元素原子序数的增大而迅速增加,对于重原子来说就变得很大。

多价电子原子的电子结构

含有两个或更多个电子的原子的能量与电子和核的好几种相互作用有关。首先是各个电子和核之间有相互作用,在简化的理论中这些作用引起了和 2-4 节中所描述的单电子情况相类似的能量项;一般说来,所有这些电子可以说是占有贯穿的轨道的。另外的相互作用是与这些电子的自旋和它们的轨道角动量有联系的。应用光谱学家提出的原子向量模型能够简单地描述原子的定态。在以下各节中,我们将讨论罗素和桑德斯的向量模型;正如在上节中所提到的那样,在这个模型中,表示各个电子自旋的向量相加而形成由量子数 S 表示的总自旋向量,表示轨道角动量的向量相加而形成由量子数 L 表示的总轨道角动量向量,这两个总向量又相加而形成由量子数 J 表示的原子总角动量向量。现在知道这种描述对于原子序数较小的轻原子是很好的;重原子的电子结构通常要复杂得多,虽然还常用罗素-桑德斯符号来描述它们的定态,但适用于这些符号的规则一般是不能很好地用于重元素的。

让我们看看含有两个 s 电子的原子,这两个 s 电子的主量子数假定是不同的,例如除在 K 层上有两个电子之外,在 $2s$ 轨道和 $3s$ 轨道又各有一个价电子的铍原子。这两个价电子的轨道角动量为零($l_1=0,l_2=0$),因此总的角动量也是零($L=0$)。又,两个电子的自旋量子数都是$\frac{1}{2}$($s_1=\frac{1}{2},s_2=\frac{1}{2}$),因此每个自旋角动量向量的大小都是$\sqrt{\frac{1}{2}\cdot\frac{2}{3}}\cdot\frac{h}{2\pi}$。这样两个向量相加能形成总自旋量子数 S 为 0 和 1 的两个和向量,如图 2-11 所示。$S=1$ 的状态通常说成是这两个自旋向量相互平行的状态(在图上看来,它们并不真是平行的,但是在可能允许的范围内尽量接近于平行);$S=0$ 的状态则说是反平行的。因为 L 等于零,所以当 S 等于 0 时原子的总角动量量子数 J 要等于 0,当 S 等于 1 时则等于 1。

经验表明,这两个状态在能量上差异很大。这两个电子自旋的磁矩间的相互作用能是很小的,因此所观察到的能量差不是直接由于自旋-自旋的磁性相互作用所引

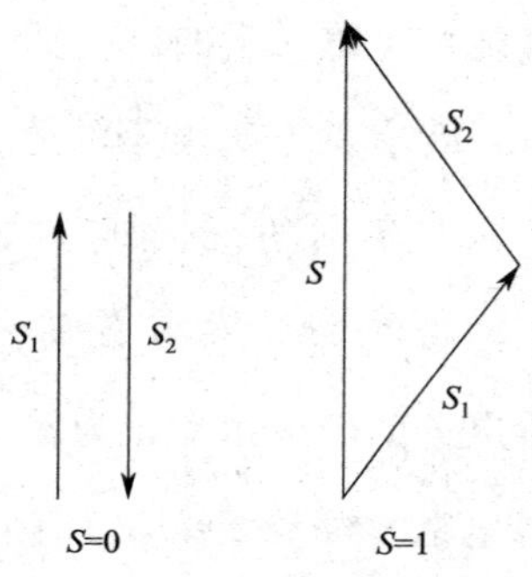

图 2-11　两个电子的自旋

角动量向量间的相互作用

在这个作用中出现总自旋量子数 S 等于 0 和 1 的两种可能情况

起的。海森伯曾经证明，$S=0$ 的状态（称为单重态）和 $S=1$ 的状态（称为三重态）之间的差别是由于共振现象产生的，这在第一章中已简明地讨论过了。

共振能对原子能量提供贡献的方式与电子自旋的相对取向有关。事实上共振能是电子间静电斥力的结果，而并非直接的自旋-自旋相互作用，不过它与自旋的相对取向有关，所以仍可看成自旋-自旋的相互作用来加以讨论。

现在让我们来讨论铍原子的另一种状态，其中一个价电子占有 $2p$ 轨道，另一个则占有 $3p$ 轨道。如图 2-11 所示出的那样，两个电子自旋可以组合成总自旋 S 等于 0 或 1 的两种情况。$l_1=1$ 和 $l_2=1$ 的两个轨道矩量，则可以如图 2-12 所示出的那样按三种方式组合，得出 $L=0$(S 状态)，$L=1$(P 状态)和 $L=2$(D 状态)三种不同情况。在这个基础上向量 S 和 L 又可以不同方式组合，生成了 ${}^3D_1$，${}^3D_2$，${}^3D_3$，${}^3P_0$，${}^3P_1$，${}^3P_2$，${}^3S_1$，${}^1D_2$，${}^1P_1$ 和 ${}^1S_0$ 等不同状态(参见图 2-14；上述各种状态是从右到左排列的)。

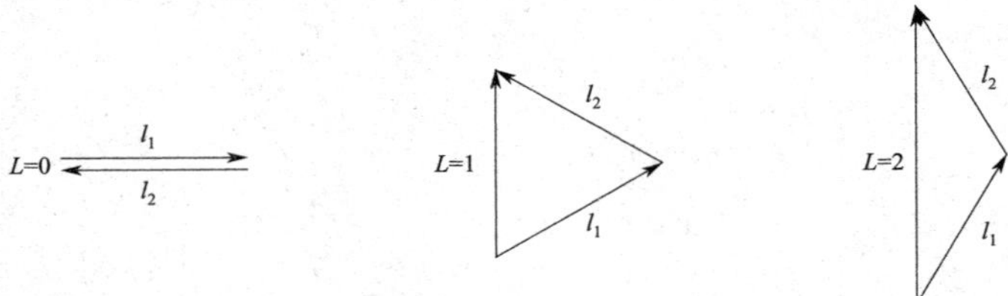

图 2-12　两个 p 电子($l_1=1$，$l_2=1$)的轨道角动量向量间的相互作用

在这样的作用中出现总的角动量向量 L 等于 0、1 和 2 的三种可能情况

在图 2-14 中可看到铍的所有这些状态的能值，这个能级图是通过它的光谱得出来的；另外，它也列出了这两个价电子占有其他轨道时的其他各个能级。在下一节中将介绍泡利不相容原理，并就这些能级加以讨论。

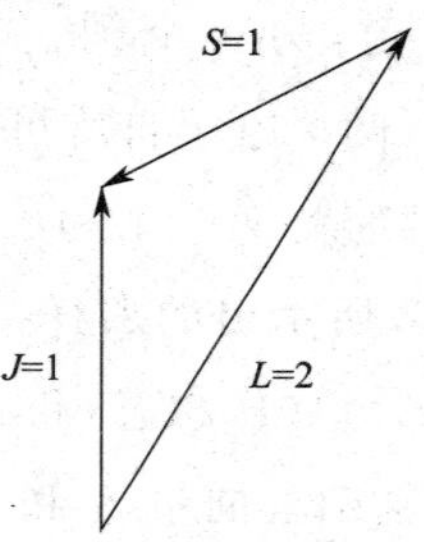

图 2-13　$^3D_1$ 状态中角动量向量的排列

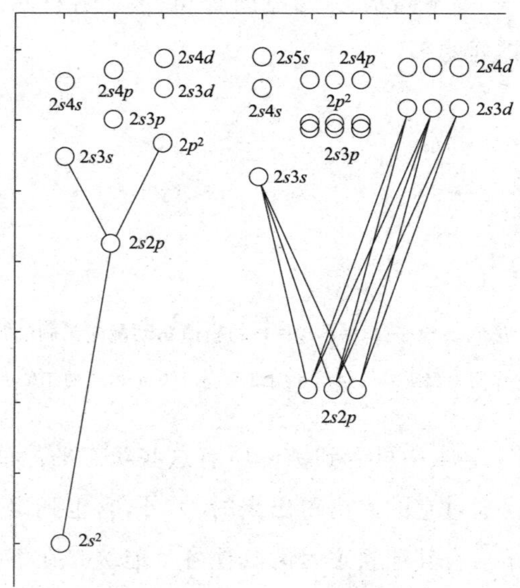

图 2-14　电中性铍原子的能级图

泡利不相容原理和元素周期表

泡利在1925年发现的不相容原理不论是在光谱学,还是在物理学和化学的其他方面,都是极其重要的一个原理。

让我们考虑把原子放在外加磁场中,这个外加磁场的强度大到足以使各电子间的所有耦合全部破裂,因而各个电子都将在磁场中独立取向。这样每个电子的状态可由一组量子数来决定:对于每一电子我们可以给定轨道的主量子数 n、角量子数 l、轨道磁量子数 m_l(这个量子数标记着轨道角动量在场方向上的分量)自旋量子数 s $\left(对每个电子来说,它都等于\frac{1}{2}\right)$和自旋磁量子数 m_s $\left(它可以等于+\frac{1}{2},相当于自旋基本上沿着磁场的方向取向;也可以是-\frac{1}{2},相当于自旋大致沿着磁场的反方向取向\right)$。泡利不相容原理就是这样说的:原子中任何两个电子具有整组完全相同量子数的量子状态,是不可能允许原子存在的。

泡利不相容原理使元素周期表的主要特点以及如图 2-14 所示的原子能级图立即得到解释。

先看氦原子吧。氦原子中,最稳定的轨道是 $n=1$,$l=0$,$m_l=0$ 的 1s 轨道。电中性的氦原子有 2 个电子,我们要把它们放在 1s 轨道上。前面讨论铍原子时曾经指出,两个 s 电子可以构成 $^3S_1$ 和 $^1S_0$ 的两个罗素-桑德斯状态。但是在那里讨论的是一个 2s 电子和一个 3s 电子;这两个电子的主量子数 n 各不相同。对氦原子来说,两个电子都在 1s 轨道中;根据泡利不相容原理,这两个电子的量子数至少要有一个不相同。它们的 n、l 和 m_l 值都是相同的;而且还有相同的自旋量子数,即 $s=\frac{1}{2}$。因此它们的 m_s 值不一定不相同,也就是一个电子的值是 $+\frac{1}{2}$,另一个电子则是 $-\frac{1}{2}$。所以这两个电子的总自旋必定是 0,即在 1s 轨道上的两个电子只能存在于一单重态 $^1S_0$ 中。据此,氦原子的基态就是 $1s^{2}\,{}^1S_0$;对于 $1s^2$ 这种电子构型,不可能存在其他状态。

锂原子有 3 个电子,1s 轨道只能容纳两个电子,并且这两个电子的自旋必定相反。在任何原子中这样的两个电子便构成一个满填的 K 层。第三个电子不能不占用外层轨道。下一个最稳定的轨道是 $2s$ 轨道，它深入地贯穿了内电子层，因此比 $2p$ 稳定得多，所以锂原子在基态时的构型是 $1s^2 2s^2 S_{\frac{1}{2}}$。

一般说来，两个自旋相反的电子可以占有一个原子轨道。每个主量子数 n 具有给定值的电子层中都有一个 s 轨道；从 L 层开始，每一层中都有相当于 $m_l=-1$、0 和 $+1$ 的 3 个 p 轨道；从 M 层开始，每一层中都有 5 个 d 轨道，等等。原子中在满填的电子层和副层中所容纳的电子数见于表 2-3 中。必须指出，对这些电子层还有其他命名方式。

表 2-3　电子层的名称

光谱学家采用的名称	化学家采用的名称
K $1s^2$	氦 $1s^2$
L $2s^2 2p^6$	氖 $2s^2 2p^6$
M $3s^2 3p^6 3d^{10}$	氩 $3s^2 3p^6$
N $4s^2 4p^6 4d^{10} 4f^{14}$	氪 $3d^{10} 4s^2 4p^6$
	氙 $4d^{10} 5s^5 5p^6$
	氡 $4f^{14} 5d^{10} 6s^2 6p^6$
	超氡 $5f^{14} 6d^{10} 7s^2 7p^6$

所有原子在基态时的性质都可以用前面各章节中所介绍的原理加以讨论。原子的基态便是具有最低能量的状态。对原子的能量提供主要贡献的是各个电子的能值,这些能值由其所在的轨道来决定。在所有原子中,K 层的 $1s$ 轨道是最稳定的轨道。往下就是 L 层中的 $2s$ 轨道,接着是 3 个 $2p$ 轨道。后面的电子层相互间略有重叠,这取决于元素的原子序数及其电离程度。在 $2p$ 轨道之后是 $3s$ 轨道最稳定,随后是 3 个 $3p$ 轨道;但对于轻元素(例如钾)来说,N 层的 $4s$ 轨道要比 M 层的 5 个 $3d$ 轨道稳定一些,各轨道的相对稳定性可以用图 2-15 来相当近似地表示。这个图只是近似的;例如原子序数为 29 的铜,它的基态电子构型为 $1s^2 2s^2 2p^6 3s^2 3p^6 3d^{10} 4s$,其中有 10 个 $3d$ 电子和一个 $4s$ 电子,而不像图 2-15 中所指出的 9 个 $3d$ 电子和两个 $4s$ 电子的那样。

表 2-4 列出了通过光谱测定或者应用理论推测的元素的电子构型及其罗素-桑德斯谱项符号。必须着重指出,这些电子构型没有多大的化学意义,因为对大多数的原子来说,存在着能量和基态的能量相差很小的激发态,而用这样的一个激发态来描述分子中这个原子的电子结构

图 2-15　各原子轨道能值的近似序列

最下面的圆圈表示最稳定的轨道(1s)；每个圆圈表示一个原子轨道，

它可以容纳一个电子或两个自旋相反的电子

比用它的基态描述可能更为接近些。或者，就像通常遇到的那样，分子或晶体中的电子结构一般可用独立原子的一些低能阶状态的共振杂化体来描述。例如铜的 $1s^2 2s^2 2p^6 3s^2 3p^6 3d^9 4s^2 {}^2D_{5/2}$ 状态的能量比基态只高了 11202 厘米$^{-1}$(31.9 千卡/摩尔)。

表 2-4 各原子在其基态时的电子构型

		氦	氖		氩		氪			氙			氡				超		氡		谱项符号
		1s	2s	2p	3s	3p	3d	4s	4p	4d	5s	5p	4f	5d	6s	6p	5f	6d	7s	7p	
H	1	1																			$^2S_{1/2}$
He	2	2																			$^1S_0$
Li	3	2	1																		$^2S_{1/2}$
Be	4	2	2																		$^1S_0$
B	5	2	2	1																	$^2S_{1/2}$
C	6	2	2	2																	$^3P_0$
N	7	2	2	3																	$^4S_{3/2}$
O	8	2	2	4																	$^3P_2$
F	9	2	2	5																	$^2P_{3/2}$
Ne	10	2	2	6																	$^1S_0$
Na	11	10 氖原子实			1																$^2S_{1/2}$
Mg	12				2																$^1S_0$
Al	13				2	1															$^2S_{1/2}$
Si	14				2	2															$^3P_0$
P	15				2	3															$^4S_{3/2}$
S	16				2	4															$^3P_2$
Cl	17				2	5															$^2P_{3/2}$
Ar	18	2	2	6	2	6															$^1S_0$
K	19	18 氩原子实						1													$^2S_{1/2}$
Ca	20							2													$^1S_0$
Sc	21						1	2													$^2D_{3/2}$
Ti	22						2	2													$^3F_2$
V	23						3	2													$^4F_{3/2}$
Cr	24						5	1													$^7S_3$
Mn	25						5	2													$^6S_{5/2}$
Fe	26						6	2													$^5D_4$
Co	27						7	2													$^4F_{3/2}$
Ni	28						8	2													$^3F_4$
Cu	29						10	1													$^2S_{1/2}$
Zn	30						10	2													$^1S_0$
Ga	31						10	2	1												$^3P_{1/2}$
Ge	32						10	2	2												$^3P_0$
As	33						10	2	3												$^4S_{3/2}$
Se	34						10	2	4												$^3P_2$
Br	35						10	2	5												$^2P_{3/2}$
Kr	36	2	2	6	2	6	10	2	6												$^1S_0$
Rb	37	36 氪原子实									1										$^2S_{1/2}$
Sr	38										2										$1S_0$
Y	39									1	2										$^2D_{3/2}$
Zr	40									2	2										$^3F_2$
Nb	41									4	1										$^6D_{1/2}$
Mo	42									5	1										$^7S_4$
Tc	43									5	2										$^6S_{5/2}$
Ru	44									7	1										$^5F_5$
Rh	45									8	1										$^4F_{3/2}$

续表

		氦	氖		氩		氪			氙			氡				超氡				谱项符号
		1*s*	2*s*	2*p*	3*s*	3*p*	3*d*	4*s*	4*p*	4*d*	5*s*	5*p*	4*f*	5*d*	6*s*	6*p*	5*f*	6*d*	7*s*	7*p*	
Kr	36	2	2	6	2	6	10	2	6												
Pd	46									10											$^1S_0$
Ag	47									10	1										$^2S_{1/2}$
Cd	48									10	2										$^1S_0$
In	49	36 氪原子实								10	2	1									$^2P_{1/2}$
Sn	50									10	2	2									$^3P_0$
Sb	51									10	2	3									$^4S_{3/2}$
Te	52									10	2	4									$^3P_2$
I	53									10	2	5									$^2P_{3/2}$
Xe	54	2	2	6	2	6	10	2	6	10	2	6									$^1S_0$
Cs	55														1						$^2S_{1/2}$
Ba	56														2						$^1S_0$
La	57													1	2						$^2D_{3/2}$
Ce	58												1	1	2						$^3H_4$
Pr	59												2	1	2						$^4K_{11/2}$
Nd	60												3	1	2						$^5L_6$
Pm	61												4	1	2						$^6L_{9/2}$
Sm	62												5	1	2						$^7K_4$
Eu	63												6	1	2						$^8H_{3/2}$
Gd	64												7	1	2						$^9D_2$
Tb	65												8	1	2						$^8H_{17/2}$
Dy	66												9	1	2						$^7K_{10}$
Ho	67												10	1	2						$^6K_{19/2}$
Er	68												11	1	2						$^5L_{10}$
Tm	69	54 氙原子实											12	1	2						$^4K_{17/2}$
Yb	70												13	1	2						$^3H_6$
Lu	71												14	1	2						$^2D_{3/2}$
Hf	72												14	2	2						$^3F_2$
Ta	73												14	3	2						$^4F_{3/2}$
W	74												14	4	2						$^5D_0$
Re	75												14	5	2						$^6S_{5/2}$
Os	76												14	6	2						$^5D_4$
Ir	77												14	7	2						$^4F_{9/2}$
Pt	78												14	9	1						$^3D_3$
Au	79												14	10	1						$^2S_{1/2}$
Hg	80												14	10	2						$^1S_0$
Tl	81												14	10	2	1					$^2P_{1/2}$
Pb	82												14	10	2	2					$^3P_0$
Bi	83												14	10	2	3					$^4S_{3/2}$
Po	84												14	10	2	4					$^3P_2$
At	85												14	10	2	5					$^2P_{3/2}$
Rn	86	2	2	6	2	6	10	2	6	10	2	6	14	10	2	6					$^1S_0$
Fr	87																		1		$^2S_{1/2}$
Ra	88																		2		$^1S_0$
Ac	89	80 氡原子实																1	2		$^2D_{3/2}$
Th	90																	2	2		$^3F_2$
Pa	91																	3	2		$^4F_{3/2}$
U	92																	4	2		$^5D_9$
超氡	118	2	2	6	2	6	10	2	6	10	2	6	14	10	2	6	14	10	2	6	$^1S_0$

前面已经指出,在 $1s$ 轨道中的两个电子一定具有相反的自旋,因此只能生成 $^1S_0$ 单重态,没有自旋或轨道角动量,因此也就没有磁矩。同样我们也发现:一个满填的电子副层,例如 6 个电子占满了 3 个 $2p$ 轨道时,也一定生成 $S=0$ 和 $L=0$,这相当于罗素-桑德斯谱项符号 $^1S_0$;这种满填的副层具有球形对称性,但没有磁矩。至于在同一副层中存在着几个电子的情况,这时可应用泡利不相容原理来探讨它的电子构型问题,这将在附录Ⅳ中加以讨论。

同一电子构型(即电子在轨道中有同样的分布)情况下的各种罗素-桑德斯状态的稳定性可用一组通称为洪德(Hund)定则的规律来描述。这些规律可叙述如下:1. 在由给定的电子构型所产生的各个罗素-桑德斯状态中,S 值最大的能量最低,次大的次低,依次类推;换句话说,多重性最大的状态最稳定。

2. 在具有给定的 S 值的各个谱项中,L 值最大的能量最低。

3. 在具有给定的 S 和 L 值的各个状态中,对于副层中电子数少于满填的一半的构型来说,J 值最小的通常是最稳定；而对于副层中电子数多于满填的一半的构型来说，J 值最大的最稳定。第一类(即 J 值最小时为最稳定)的多重态称为正常的多重态，而第二类则称为反常多重态。

这些定则的应用可以碳原子和氧原子为例来加以说明。它们最稳定的光谱状态列于图 2-16 和 2-17 中。

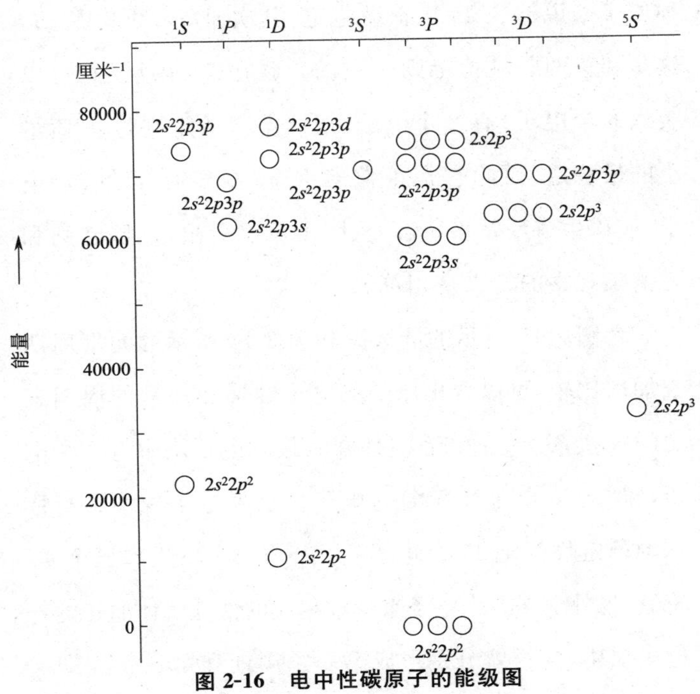

图 2-16　电中性碳原子的能级图

碳的稳定电子构型是 $1s^2 2s^2 2p^2$，它生成 ^1S、^2D 和 ^3P 等罗素-桑德斯状态。对氧来说，稳定的构型是 $1s^2 2s^2 2p^4$，它给出同样的一组罗素-桑德斯状态(必须注意，由一个满填副层中缺少 x 个电子的构型和另一个在同一副层中占据着 x 个电子的构型，将会生成相同的一组罗素-桑德斯状态)。正像在图 2-16 中所看到的那样，对上述两种原子来说都是 ^3P 状态最稳定，其次是 ^1D，再次是 ^1S，这是和头两条洪德定则一致的。碳在 $2p$ 副层(它可以装满 6 个电子)有 2 个电子，按照第三条定则是 J 值最小的最稳定，因此它是正常多重态；而氧有 4 个 $2p$ 电子，应该生成反常多重态，从图中可以看出，这些定则和光谱学观察的结果是相符的。

就图 2-15 所示的能级图和图 2-18 所示的元素周期表加以比较，可以看出原子的电子结构和元素的周期表之间的联系。每种惰性气体在其最外电子层中有 8 个电子，即 2 个 s 电子和 6 个 p 电子。这种电子构型具有特殊的稳定性。把 10 个电子引入 5 个 $3d$ 轨道和五个 $4d$ 轨道，另外引入 8 个电子来形成相应的惰性气体原子的外电子层中，这样就分别形成第一长周期和第二长周期。

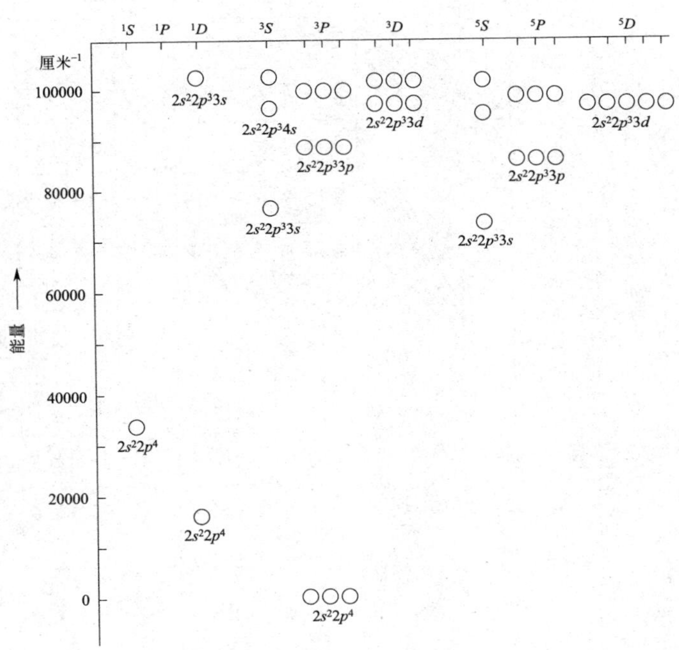

图 2-17　电中性氧原子的能级图

第一更长周期是在添加 18 个电子到 $5d$，$6s$ 和 $6p$ 轨道以后，又引进 14 个电子到 7 个 $4f$ 轨道形成的。已经发现的或制备出的最重的元素是在第二个更长周期中，这里电子占有了 $5f$、$6d$、$7s$ 和 $7p$ 等轨道。

	H 1	He 2

O	Ⅰ	Ⅱ	Ⅲ	Ⅳ	Ⅴ	Ⅵ	Ⅶ	O
He 2	Li 3	Be 4	B 5	C 6	N 7	O 8	F 9	Ne 10
Ne 10	Na 11	Mg 12	Al 13	Si 14	P 15	S 16	Cl 17	Ar 18

O	Ⅰ(a)	Ⅱ(a)	Ⅲa		Ⅳa	Ⅴa	Ⅵa	Ⅶa	Ⅷ			Ⅰb	Ⅱb	Ⅲb	Ⅳ(b)	Ⅴ(b)	Ⅵ(b)	Ⅶ(b)	O
Ar 18	K 19	Ca 20	Sc 21		Ti 22	V 23	Cr 24	Mn 25	Fe 26	Co 27	Ni 28	Cu 29	Zn 30	Ga 31	Ge 32	As 33	Se 34	Br 35	Kr 36
Kr 36	Rb 37	Sr 38	Y 39		Zr 40	Nb 41	Mo 42	Tc 43	Ru 44	Rh 45	Pd 46	Ag 47	Cd 48	In 49	Sn 50	Sb 51	Te 52	I 53	Xe 54
Xe 54	Cs 55	Ba 56	La 57	*	Hf 72	Ta 73	W 74	Re 75	Os 76	Ir 77	Pt 78	Au 79	Hg 80	Tl 81	Pb 82	Bi 83	Po 84	At 85	Rn 86
Rn 86	Fr 87	Ra 88	Ac 89	**	Th 90	Pa 91	U 92												

* 稀土金属

** 铀系金属

Ce 58	Pr 59	Nd 60	Pm 61	Sm 62	Eu 63	Gd 64	Tb 65	Dy 66	Ho 67	Er 68	Tm 69	Yb 70	Lu 71
Th 90	Pa 91	U 92	Np 93	Pu 94	Am 95	Cm 96	Bk 97	Cf 98	Es 99	Fm 100	Md 101	102	

图 2-18 元素周期表

把薛定谔方程看成是元素周期表的基础,这种看法的确切程度可用按托马斯-费米-狄拉克(Thomas-Fermi-Dirac)方法求波动方程的近似解而获得的电子能值来说明问题。目前多电子原子的波动方程的最优近似解方法是哈特里-福克(Hartree-Fock)的自洽场法。不过这个方法非常复杂,还只能用于少数原子,而不能作为讨论所有元素的基础。托马斯-费米-狄拉克的统计原子势能法可以有系统地加以应用,图 2-19 所示的曲线就是用此方法得到的。每条曲线表示在球形场的轨道($1s$、$2s$、$2p$ 等)中电子的能量和电中性原子的原子序数(从 1～100)间的函数关系。

周期表以及表 2-4 示出的电子分布序列的主要特点都可从这些曲线获得解释。从图中可看到,对于原子序数小于 27 的元素,$3d$ 电子没有 $4p$ 或 $4s$ 电子稳定;在 $Z=28$ 时 $3d$ 的曲线穿越过 $4p$ 曲线。事实上,$3d$ 和 $4p$ 的交点应当发生在 $Z=21$ 附近。同样地,在 $Z=45$ 处的 $4d$ 和 $5p$ 的交点事实上应该出现在 39 或 40 处,即在第二列过渡金属组的开始;在 67 处的 $4f$ 和 $6p$ 的交点应该是在 57 处,即稀土金属组开始的时候,图 2-19 中曲线的形状看来基本上是正确的,但由于波动方程近似

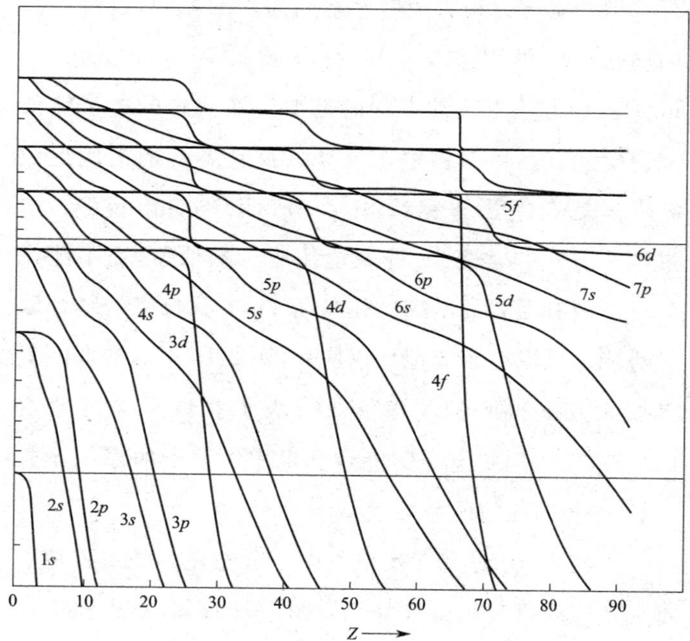

图 2-19 表示电子能量与原子序数的函数关系的曲线

这些曲线是应用托马斯-费米-狄拉克方法求波动方程的近似解而获得的

解所给出的 d 和 f 电子稳定性迅速增加时的原子序数总是过大了一些（对 d 轨道而言大 6 个单位左右，$4f$ 大 10 个单位左右；可能 $5f$ 也是如此，它大致应该在 $Z=93$ 处显示稳定性的增加）。由光谱法测得的元素的第一和第二电离能值列于表 2-5 中。

表 2-5　元素的第一和第二电离能[a]

Z		I_1	I_2	Z		I_1	I_2
1	H	313.4[a]		39	Y	147	282
2	He	566.7	1254.2	40	Zr	158	303
3	Li	124.3	1743.2	41	Nb	159	330
4	Be	214.9	419.7	42	Mo	164	372
5	B	191.2	579.8	43	Tc	168	352
6	C	259.5	561.9	44	Ru	169.8	386.4
7	N	335	682.2	45	Rh	172	417
8	O	313.8	809.3	46	Pd	192	448
9	F	401.5	806	47	Sg	174.6	495
10	Ne	497.0	947	48	Cd	207.3	389.7
11	Na	118.4	1090	49	In	133.4	434.8
12	Mg	176.2	346.5	50	Sn	169.3	337.2
13	Al	137.9	433.9	51	Sb	199.2	380.4
14	Si	187.9	377	52	Te	208	429
15	P	241.7	455	53	I	241.0	440.0
16	S	238.8	539	54	Xe	279.6	488.7
17	Cl	300	548.7	55	Cs	89.7	578.6
18	Ar	363.2	636.7	56	Ba	120.1	230.6
19	K	100.0	733.3	57	La	129	263
20	Ca	140.9	273.6				
21	Sc	151	295	72	Hf	160	343
22	Ti	157	313	73	Ta	182	373
23	V	155	338	74	W	184	408
24	Cr	155.9	380.1	75	Re	181	383
25	Mn	171.3	360.5	76	Os	200	390
26	Fe	181	373	77	Ir	210	
27	Co	181	393	78	Pt	210	427.9
28	Ni	176.0	418.4	79	Au	213	473
29	Cu	178.1	467.7	80	Hg	240	432.3
30	Zn	216.5	414.0	81	Tl	140.8	470.7
31	Ga	138	473	82	Pb	170.9	346.4
32	Ge	182	367	83	Bi	168.0	384.5
33	As	226	429	84	Po	194	—
34	Se	225	495.6	85	At	—	—
35	Br	272.9	497.9	86	Rn	247.7	—
36	Kr	322.6	566.2	87	Fr	—	—
37	Rb	96.3	634.0	88	Ra	121.7	233.8
38	Sr	131.2	254.2	89	Ac	160	280

a. 这些数值以千卡/摩尔为单位。这些数值是根据摩尔(O. E. Moore)的 *Atomic Energy Levels as Derived from the A-*

nalysis of Optical Spectra(根据光学光谱分析推导出来的原子能级)(Circular of the National Bureau of Standards 467, Government Printing Office, Washington, D. C. 1949—1958 vol. Ⅲ)的电离势乘以从电子伏转变为千卡/摩尔的转换因子 23.053 而得的。

塞曼效应与原子和单原子离子的磁学性质

1896 年荷兰物理学家塞曼(P. Zeeman)发现：对发射辐射的原子加上外加磁场，一般能使光谱的谱线条分裂成几条分线。在某些情况下，这种分裂属于简单的类型，即洛伦兹(H. A. Lorentz)指出可用经典理论给予解释的类型，这种现象就称为正常塞曼效应。但一般说来，这种分裂却较为复杂，这便是反常塞曼效应。反常塞曼效应是因为原子具有两种不同的角动量，因而附带着两种不同的磁矩所造成的。这两种角动量，一个是由于电子绕核的轨道运动所产生的角动量，另一方面是由于电子自旋所产生的角动量。只有在自旋对原子的角动量及其磁矩没有贡献时才会出现正常塞曼效应。

按照拉莫尔(Larmor)的经典力学理论，在略去磁场 H 的高于一次的高次项作用不计时，外加磁场于一个原子所产生的效应是在绕磁场方向上另加了一个旋转作用,这个旋转作用称为拉莫尔进动。这个进动的角速度 ω 等于场强 H 和磁矩与角动量之比值的乘积:

$$\omega = Hge/2m_0c$$

在这个方程中所引进的符号 g 称为 g 因子,或称为朗德 g 因子,因为是朗德(A. Landé)引进来的。对于电子的轨道运动而言,g 因子的值为 1,即磁矩和角动量之比值为$e/2m_0c$。但对于电子的自旋而言,g 因子的数值则为 2。g 因子的这些数值不能用任何简单的方式加以解释,它必须认为是电子的一部分本质。

当原子的角动量完全来自各电子的轨道运动时,g 因子的值为 1;而当完全来自电子的自旋时,g 因子的值则为 2。例如氮原子的基态为$^4S_{3/2}$,因而它的 g 因子是 2。

在一般情况下,g 因子既不等于 1 也不等于 2,而是等于一些其他的数值。当原子的电子态极为接近于罗素-桑德斯耦合方式时,g 因子的值可用简单的方法来计算。原子的总角动量向量是表示原子中所有电子的轨道角动量的向量与表示所有电子的自旋角动量的向量之和。这三个向量的大小分别是$\sqrt{J(J+1)}$、$\sqrt{L(L+1)}$和$\sqrt{S(S+1)}$。轨道角动量向量与自旋角动量向量之间以及它们与合成的总角动量向量之间的夹角余弦可以通过这些向量的大小进行计算,同时总的磁矩也可以通过求出轨道磁矩(此时用 $g=1$)和自旋磁矩(此时用 $g=2$)在沿着总角动量向量方向上的分量和计算出来,根据这样计算,g 的数值可用如下的方程表示出来:

$$g=1+\frac{J(J+1)+S(S+1)-L(L+1)}{2J(J+1)}$$

g 的值列于附录的表Ⅳ-3 中。

磁矩的现代单位为 $he/4\pi m_0c$,这个单位称为玻尔磁子(μ_B),它的数值是 0.9273×10^{-20} 尔格·高斯$^{-1}$。总角动量量子数为 J 的原子,它的磁矩用玻尔磁子单位表示时是$\sqrt{g(J(J+1)}$。当原子在磁场中时,它的角动量向量对磁场的取向是:角动量沿磁场方向的分量是由量子数 M 决定的,其数值为 $Mh/2\pi$。当以玻尔磁子为单位时,磁矩在磁场方向上的分量就等于 Mg,因而原子在磁场中所获得的磁能就等于这个分量和场强的乘积。因此在磁场中能级被分裂成$(2J+1)$个等距离的子能级，相当于M所能具有的$(2J+1)$个数值。通过谱线塞曼分裂实验观测值的分析，就可分别计算出每条谱线的高能态和低能态的g值。

例如符号为$4d^{10}5s^2S_{1/2}$的电中性基态银原子，g因子的观测值为1.998，前两个激发态$4d^{10}5p^2P_{1/2}$和$^2P_{3/2}$的g值则分别是0.666和1.330。这三个状态的g的理论值分别是2.000、0.667和1.333，和实验值非常符合，因而可以断定这些状态的谱项是正确的。

杂化的原子状态　就许多原子状态来说，观测到的性质并不十分符合于单一的罗素-桑德斯结构。例如电中性锡原子的4个最稳定的状态如下：

构型	符号	J	能量值	g观察值	g计算值
$5s^25p^2$	^3P	0	0.0	—	—
		1	1691.8	1.502	1.500
		2	3427.7	1.452	1.500
$5s^25p^2$	^1D	2	8613.0	1.052	1.000

不难看出，g的观察值和计算值之间的符合在$^3P_1$状态是很好的，但对$^3P_2$和$^1D_2$两个状态则很差。这种g因子欠符合的情况意味着这些状态并不接近于由罗

素-桑德斯谱项符号所描述的结构。例如在^3P状态中轨道角动量向量和自旋角动量向量大小是相同的,所以它的 g 因子必定等于 1.500,即轨道值和自旋值的平均值。观察到的 g 因子却略为小些,这一事实可以简单地给予如下的解释。对于原子来说,量子数 J 是个严格正确的量子数,但量子数 S 和 L 则不是那么严格正确的;实际上 S 和 L 不过相当于某种类型的相互作用,即各个电子的轨道角动量和自旋角动量分别进行耦合,这样的耦合方式显然只是原子中电子间相互作用的许多不同耦合方式中的一种极端情况。不过我们不妨继续用罗素-桑德斯结构来描述这两个 $J=2$ 的状态。可以说$g=1.452$ 的状态是$^3P_2$ 和$^1D_2$ 两个结构的杂化态,其中前一个结构的贡献较大而第二个的较小;从 g 因子的数值所指出的近似情况来看,我们也许可以说这种状态大约是相当于含有 90%的$^3P_2$ 性质和 10%$^1D_2$ 性质的杂化态。同样,$J=2$ 而 g 的观测值为 1.052 的第二个状态的结构可以认为是$^1D_2$ 约为 90%和$^3P_2$ 约为 10%的杂化态。

把这样两个状态描述成$^3P_2$和$^1D_2$两个状态的共振杂化态是有其任意性成分的,但是有其用处,因为对于许多原子状态来说,罗素-桑德斯结构相当接近于实际的性质,而对于那些不能用单一的罗素-桑德斯结构来满意地描述其观察到的性质的状态,继续使用这样的结构来描述还是比较方便的。

甚至电子构型也只代表理想化的情况,用它表示某些原子状态也是不一定满意的。例如电中性的锇原子通常是将 $5d^6 6s^2$ 描述为它的最稳定的电子构型。由这种构型所确定的最低的状态的罗素-桑德斯符号为^5D,J值分别为4,3,2,1和0。前四个状态的 g 因子的观测值在 1.44～1.47 之间,这和理论值 1.500 有一定的偏离。较为稳定的而且可能参与杂化的状态是具有相同 J 值而构型为 $5d^7 6s$ 的状态。我们可以说,电中性锇原子的最稳定状态可用杂化的构型来描述,其中 $5d^6 6s^2$ 构型有较大的贡献,而 $5d^7 6s$ 构型的贡献则较小。

这种类型的杂化状态可以由具有相同 J 值和相同宇称性的一些结构来结合。构型的宇称性,在 l 值为奇数(例如 p、f 等)的轨道上有偶数个电子的时候规定为偶数,在 l 值为奇数的轨道上有奇数个电子的时候则规定为奇数。在光谱项的表中,常在状态符号的上角标以记号“◦”以表示奇数的宇称性。在上述的电中性锇原子的例子中所讨论的两个构型都具有偶数宇称性。

关于共价键形成的形式规则

价键的量子力学处理是由海特勒、伦敦、玻恩、外尔(Weyl)、斯莱特(Slater)和其他一些研究者所发展起来的。处理的形式结果可以简述如下:原子可以利用一个稳定的轨道生成一个电子对键。这个键是属于以前介绍过的氢分子那样的类型,它的稳定性也是由于同样的共振现象所产生的。换句话说,要形成一个电子对键,需要有两个自旋相反的电子,而且这两个键合原子各有一个稳定的轨道。

氢原子只有一个稳定的轨道(1*s*),所以只能形成一个共价键;有人曾经为氢键(参见第十二章)提出氢具有两个共价的结构,肯定是不能接受的。

碳原子、氮原子以及其他第一周期的原子只能使用

L 层的 4 个轨道来生成 4 个共价键;这种限制为路易斯和朗缪尔所假定八隅体的重要性提供了主要的论证。

量子力学的处理也引出这样的结论,即一般来说,在分子内每形成一个电子对键总是使分子更为稳定。因此分子的最稳定的电子结构是其中每个原子的所有稳定轨道或者用于成键或者为未共享电子对所占有。一般说来,含有第一周期原子的分子,其稳定的电子结构将是所有 4 个 L 层轨道都被用上了;其中电子对的共享总是在电子个数能够允许的条件下达到尽可能多的地步。例如像 $:\ddot{N}:\ddot{N}:$ 这样的电子结构中,每个氮原子在其最外层只有 6 个电子,占有它的 3 个 L 层轨道;这样的结构总不如: $:N\vdots\vdots N:$ 的结构稳定,在后者的情况下,所有的 L 层轨道都用上了。

因为 $3s$ 和 $3p$ 轨道较 $3d$ 轨道稳定,所以八隅体对于第二周期的原子依然有一定程度的意义。例如在磷化氢这样一个分子的结构中

$$\begin{matrix} & H & \\ : & \ddot{\underset{\cdot\cdot}{P}} & : H \\ & H & \end{matrix}$$

3 个 M 层轨道用于成键,另一个轨道则被未共享电子对所占据。在磷离子中

$$\left[\begin{array}{c} H \\ H:\ddot{\underset{..}{P}}:H \\ H \end{array}\right]^{+}$$

4 个 M 轨道都用于成键,但 M 层中的 5 个 $3d$ 轨道则未被用于成键。另一方面,五氯化磷的结构可以写成

$$PCl_5$$

这时除了 $3s$ 和 $3p$ 轨道以外,还用上了一个 $3d$ 轨道(或者是 $4s$ 轨道),而在六氟化磷离子中,为要形成 6 个共价键

$$[PF_6]^-$$

就还需要用 2 个额外的轨道。

使用 M 层的轨道,最多可以形成 9 个共价键。但是这个限度并没有多大意义,因为在本书后面讨论的其他因素,将对与中心原子相键合的原子个数提供更为严格的限制。

对于第三周期的原子,还有那些过渡元素以外的更

重的原子,八隅体规则仍然具有一定程度的意义。例如我们可以确定砷化氢和锑化氢具有类似于磷化氢的结构,那就是使用中心原子的价电子层上的 4 个 s 和 p 轨道来成键的。

对于过渡元素,在形成共价键时,常常是既使用价电子层上的 s 和 p 轨道,也使用了恰在价电子层之内的某些 d 轨道。例如六氯化钯离子的结构可以写作:

$$\left[\begin{array}{ccc} Cl & & Cl \\ & \diagdown \quad \diagup & \\ Cl— & Pd & —Cl \\ & \diagup \quad \diagdown & \\ Cl & & Cl \end{array}\right]^{2-}$$

这里钯和围绕它的 6 个氯原子形成 6 个共价键。这时在钯原子上,除了 6 个键合的电子对以外,还有 42 个电子。这些电子成对地占据着 $1s$、$2s$,3 个 $2p$、$3s$,3 个 $3p$,5 个 $3d$、$4s$,3 个 $4p$ 和 3 个 $4d$ 轨道。这六个键的形成是用了余下的两个 $4d$ 轨道、$5s$ 轨道和 3 个 $5p$ 轨道。在以后几章将详细地讨论在成键时原子轨道的选择和使用。

分子在几个价键结构间的共振

The Resonance of Molecules among Several Valence-Bond Structures

共振论的最有趣和最有用的应用之一就是讨论那些没有一个价键结构合适地表达的分子的结构。在以下各节中将初步讨论这个问题。本章将就对这个理论所提出的一些批评性意见做个答复。

共振论的本质

虽然共振论在化学中已有25年的历史,可是对它的本质似乎仍有一些误解。特别是,这个理论被批评为虚构的——即按照这个理论,那些对分子(譬如说苯)的基态做出贡献的各个价键结构都是幻想,并不真正独立存在;因此,为了这个理由,这个理论被认为是应该抛弃的。但是事实上,共振论并不比有机化学的经典结构理论来得更虚构些,共振论中的各个参与的价键结构也并不比经典理论中的结构要素(如双键等)来得更唯心些。

共振论和有机化学的经典结构理论在性质上基本上是相同的,这一点在以前只有简单地提起过,现在将在下面几节详细地加以讨论。

共振论曾经被应用到许多化学问题上。除了应用于讨论正常共价键(包括两个原子间自旋相反的两个电子的交换)以及那些不能用一个价键结构满意地描述的分子结构之外,它曾为化学出过力量,引向许多以前未曾认识过的结构特点的发现,包括单电子键、三电子键、不相同原子间的共价键的部分离子性(正常共价键和离子结构间的共振)、键轨道的杂化(s、p、d 轨道所生成的键间的共振)、超共轭效应[无键共振首先由惠兰(Wheland)在1934年予以讨论]以及金属中的分数键。值得注意的是:共振论的这些方面并没有受到严重的批评,而批评是集中在将共振论应用于那些不能满意地用一个价键结构描述的分子上;它们的结构,按照共振学说来说,可用几个价键结构间的共振来描述。

苏联关于共振论的批评似乎主要是根据了参与共振的结构并不真正存在的事实。在休克尔(W. Hückel)著的《无机化合物的结构化学》(*Structural Chemistry of Inorganic Compounds*)一书中,也有基本上相同的看法。在该书第一卷的末段,英文版译者龙氏(L. H. Long)所写的一个注解,对共振论的批评体现在如下的一些句子:"前面已经多次指出,针对近年来出现的各种反对共振论的意见,共振论的拥护者是急需加以答复的。因为缺乏令人信服的答复,至少在至目前已被应用的范围内,共振论受到很大程度内不被信任的危险。从最好的角度说,它也仅能提供一幅并不比用其他名词描述得更准确些的图画;从最坏的角度说,则这幅图画是非常错误的。绝对不能忘却共振论到底是依靠极限结构的应用,而这些应该承认是并不真正存在的。”

让我们先看一下环己烯作为例子。许多年来,全世界的化学家对给这个化合物拟定的结构式都完全同意。环己烯分子被描述为含有 6 个碳原子的环,此环中 5 对邻近的碳原子由碳—碳单键连接,一对邻近的碳原子由碳—碳双键连接。除此以外,有 4 个碳原子各自通过碳—氢单键与两个氢原子相连接,另外有 4 个碳原子则各与一个氢原子相连接。这个化合物的性质和这个结构式是可以联系起来的,例如这个化合物的不饱和性是归因于有一个双键存在。

现在让我们来看一看苯。没有一个单独的价键结构能满意地表示苯的性质。共振论对苯的简单的描写是应用两个价键结构,即两个凯库勒结构 ⌬ 和 ⌬ 。这两个结构必须重叠融合在一起来表示苯的分子,并同时考虑到共振效应的稳定作用——即苯的分子并没有一个在两个凯库勒结构正中间的结构,而是一个具有它是朝向能量稳定的方向从中间结构变化而来的结构的。将苯的生成热实验数值和通过键能计算而得来的单个凯库勒结构的生成热数值相比,发现共振所引起的能量稳定约为 39 千卡/摩尔。就是这个稳定效应使得苯比烯类难于氢化而呈现出较小的不饱和性。

应用共振论来描述分子(例如苯)时所用的几个结构是构想出来的,它们并不真正存在。这个事实,正如上面龙氏所说的那样,被提出作为反对共振论的论据。如果接受了这个论点,因而抛弃了共振论,那么,为了一致起见,也必须抛弃有机化学中的整个结构理论,因为经典结构理论中所用的结构要素(如在上面讨论环己烯时提到的),如碳—碳单键、碳—碳双键、碳—氢键等也都是唯心的,并不真正存在。不可能通过一个严格的实验来证明环己烯中有两个碳原子是由一个双键连接起来的。的确,我们可以说环己烯是一个这样的体系,可以用实验来指出它可拆分为 6 个碳原子核、10 个氢原子核和 46 个电子,并可指出它有某些其他的结构性质,如在基态的分子中原子核间的平均距离为 1.33 埃、1.54 埃等;但是用任何实验方法也不能拆分出它有一个碳—

碳双键,5 个碳—碳单键和 10 个碳—氢键——这些键是理论上的构想和理想化,可正是借助于它们的帮助,化学家在过去的一百年内创造和发展了一个方便的和极有价值的理论。共振论扩展了有机化学中这个经典的结构理论,它根据同样的构想,如经典结构理论中的原子间的键,而做出了重要的扩展,即用两种而不是一种键的排列来描述苯的分子。

在长期应用经典结构理论的经验中,化学家们在讲到或者甚至在想到碳—碳双键以及理论中的其他结构单元时,就觉得好像它们是真正地存在的一样。但是,经过思虑以后,我们将能够认识到它们并不是真正存在的,而仅是理论上的构想,犹如苯的单个凯库勒结构一样。我们不可能把一个碳—碳双键分离出来而用实验来研究它。事实上,碳—碳双键也没有严格的定义。我们不能接受两个碳原子间包含 4 个电子的一种键的说法作为碳—碳双键的严格的定义,因为没有一个实验方法能够准确地测定一个分子中两个碳原子间的相互作用所包含的电子数目,而且严格地说,相互作用是和整个分子的性质有密切关系的。我们也许可以对双键下这样一个定义:乙烯分子中两个碳原子间的键叫双键;但是这个定义并无用处,因为事实上乙烯分子和任何其他的分子都有差别,并且在任何其他的分子中,两个碳原子的相互关系都不完全和乙烯中的相同。当然,我们知道所有化学家所写的分子结构式中,由双键连接的两个碳原子核间一般的平均距离约为 1.33 埃,叁键连接的约为 1.20 埃;但是各种分子中的这种距离都有些差别。直到现在,还没有方法可以来选择一个范围,如键间距离在这个范围内,则是真正的碳—碳双键,出了这个范围,则是另一种键。虽然化学家们在经典结构理论中所用的结构单元(如碳—碳双键),仅是构想,但是他们努力工作了将近一个世纪,在应用这些结构单元的基础上,不断成功地发展了结构理论,而这个理论已越加壮大起来。共振论并入了化学结构理论正是这个不断进展中的一部分。

共振能的概念受到特别强烈的评论。例如,苯的共振能是用了假定的键能值计算而得的,将它们加起来,得出了单个凯库勒结构的一个假定的分子的能量。键能系统不是很准确的,因此用了它们而得到的共振能的数值也是不大可靠的。但是可以指出,这一点也不是只限于共振论,键能系统也被应用于经典的化学中。1920年范恩斯(Faians)应用他自己编的一组键能数值讨论了脂肪族烃类化合物及其他物质(不包含共振的)的燃烧热。很多作者[如卢卡斯(Lucas)]曾提到键能应用于预测物质性质的几种方法,特别是应用了经典结构理论的那些方法。最近还有人提出应用键能数值来讨论分子重排,特别是对非共振分子。

我感觉到,与其他方法(如分子轨道法)相比较,应用共振论来讨论那些用单个价键结构尚不能描述的分子,其最大优点是它使用了化学家所熟悉的结构要素。不能因为一些不熟练的应用,就对共振论评价为不适合。因为化学家发展了一个愈来愈完善的化学直观方法,共振论已渐渐更趋壮大,犹如经典结构那样。

不能将共振论和对分子波函数与性质使用近似量子力学计算的价键法看成一回事。共振论主要是一个化学的理论(一个经验学说,大部分通过化学实验的结果归纳出来的)。经典结构理论是纯粹根据化学的事实创造和发展出来的,没有利用任何物理的帮助。早在量子力学发现以前,共振论就已处在趋向成形的道路上。在 1899 年,蒂勒(Thiele)就已创造了部分价的理论,这可认为是趋向创造共振论的第一步;在 1924 年,劳里(Lowry)、阿恩特(Arndt)和卢卡斯等人关于反应时分子结构出现变化的建议,也在某种程度上反映了共振论的精神。在 1926 年,C. K. 英戈尔德(C. K. Ingold)和 E. H. 英戈尔德(E. H. Ingold)提出分子在基态下有着和相当于单个价键结构不相同的结构,这个说法是从化学方面考虑而提出的,主要并不是借助于量子力学。的确,共振能的概念是以后由量子力学提供的,共振论的很多应用(如键轨道的杂化)需要对原子和分子的结构有透彻的了解,而这种了解也是由量子力学所提供的;同时,近似的量子力学计算,如休克尔用于芳香族分子的那样,很有价值地显示了化学中的共振学说是应当如何地发展。但是化学中的共振理论已远远地超过了任何正确的量子力学计算所作的应用范围,因此它的巨大扩展已几乎完全是经验性的,而只是靠了量子力学基本原理的有价值和有效的指导而已。

化学中的共振论主要是一个定性的学说。和经典结构理论一样，其应用的成功很大程度上是依赖于通过实践所发展出来的化学感觉。也许我们可以相信理论物理学家，他们告诉我们，物质的所有性质都应当用已知的方法(薛定谔方程的解)计算出来。但是事实上，我们可以看到，在发现薛定谔方程之后的30年来，对化学家感兴趣的物质的性质，仅做出了很少的准确而又非经验性的量子力学计算。关于物质的性质的极大部分的知识，化学家仍须依靠实验来得到。经验指出，化学家可从简单的化学结构理论得到很大的帮助。共振论是化学结构学说的一部分，它有着一个主要是经验性(归纳性)的基础，它不仅仅是量子力学的一个分支而已。

关于共振及其在化学上的意义的总结

A Summarizing Discussion of Resonance and Its Significance for Chemistry

常常有人问起共振体系的组成结构(例如像苯分子的凯库勒结构),是否可以被认为具有真实性。这个问题,在某一个意义上可以给予正面的答案;但是如果认为结构具有通常的化学意义,答案却肯定是相反的。一种在两个或两个以上的价键结构之间发生共振的物质里,具备这些结构所赋予的构型和性质的分子是不存在的。共振杂化体的组成结构在这个意义上是没有真实性的。

共振的本质

前面我们已经考虑了共振的概念在某些方面给现代结构化学带来了明确性和统一性，导致许多价键理论问题的解决，也帮助了我们把物质的化学性质与应用物理方法所得到的关于它们的分子结构的知识联系起来。现在我们可以再来探讨一下共振现象的本质。

用较为简单的结构单元来描述一个体系，是研究这个体系的结构的目的。这种描述可以分成两个部分：第一部分是关于被认为是组成体系的那些粒子或物体；第二部分是关于这些粒子或物体相互连接起来的方式，也就是关于它们的相互作用和相互联系。在描述一个体系时，为了方便起见，通常不是立即把它分解为最小的组成部分，而是先把它分解为比原体系更简单的部分，然后再逐步地继续分解下去。用这种方式来描述物质的组成，是我们已经十分习惯了的。使用共振的概念，使我们有可能推广这种描述的方法，不仅可以用来讨论比原来体系简单些的组分，还可以用来讨论它们的相互作用。因此,把苯分子作为含有碳和氢两种原子,而这些原子本身又各含有电子和原子核的物质来描述,可以通过共振概念的应用作如下的发挥。那就是基态苯分子的结构相当于两种凯库勒结构之间的共振,同时其他价键结构还有一些小的贡献,因此苯分子得到了稳定,并且由于这种共振,苯的其他各种性质与单独按照任何一种凯库勒结构预期的性质多少有所改变。每一种凯库勒结构是由单键和双键的一定分布所构成,这些键有基本上与在其他分子内找到的这样一些键所有的性质。这样的一个键表示原子间的一种相互作用方式,用共振语言来描述,它是差异只在于原子轨道间电子交换有所不同的各个结构之间的共振。

在 1-3 节和 6-5 节中已先后指出,在个别情况下,用来讨论量子力学共振的主要结构的选择是任意的,但是这种任意性(这在经典共振现象中也有类似情况)并不损害共振概念的价值。

共振与互变异构现象的关系

在互变异构与共振之间,没有截然的区别;但是在实践中,对二者加以区别是会带来方便的。除了边缘性情况以外,这种区别应该适用于所有情况。

互变异构体的定义是能够迅速地相互转化的异构体。显然互变异构与普通的异构现象之间的区别的确是很模糊的。此种区别决定于如何解释“迅速地”这个副词。在通常情况下,互变作用的半化期比实验操作所需的时间(以分钟或小时计)短的那种异构体,在习惯上称为互变异构体,因此很难把这种异构体从平衡混合物中分离出来。互变异构体与普通异构体的区别在分子结构上毫无意义,因为这个区别取决于通常人类活动速度这样一个偶然性因素。

另一方面,却有可能给互变异构和电子共振下一个定义,这个定义使它们各自有结构上的意义。

让我们考虑苯分子这个具体例子,在它的1,2,…,6这六个位置上可以有不同的取代基。分子中的各原子核彼此相对振动的方式决定于原子构型的电子能函数。对于大多数分子来说,相应于这样的电子能函数,存在着一个最稳定的原子构型;围绕着这个构型,原子核以0.1埃的振幅作很小的振动。如果分子可以用一个单一

的价键结构来描述,则可以根据立体化学的规则预见这个平衡构型的性质。因此,四甲基乙烯分子预期有如下的构型如:

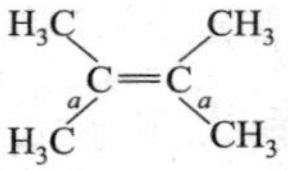

$$\begin{array}{ccc} H_3C & & CH_3 \\ & C{=}C & \\ H_3C & & CH_3 \end{array}$$

其中 α 角约等于 110°(接近四面体型角的 109°28′)。这一点已经通过实验证实过。但是我们可以把苯分子描述为在两个价键结构  (Ⅰ)和  (Ⅱ)之间共振。这种共振是这样的迅速,即它的频率(共振能除以普朗克常量 h)大约千倍于核振动的频率,因此在两个凯库勒结构之间发生共振的时间内,仅仅移动了一个微不足道的距离(0.0001 埃)。所以,决定核构型的有效电子能函数不是两个凯库勒结构中任何一个结构的函数,而是与这个凯库勒共振相应的一个函数。既然从两个凯库勒结构所预期的稳定构型相差不大,实际的共振分子就具有一个中间构型。即稳定的平衡构型。这就是键角为 120°的平面正六边形构型。

决定共振能和共振频率的共振积分值的大小,取决于有关各个结构的性质。在苯分子中，它的数值很大(约 36 千卡/摩尔)；当然也有可能小得多。如果共振积分的数值很小，因而共振频率比核振动频率更低，让我们想一想这样苯分子将成为什么样的分子。就每一种原子构型来说，都将或多或少地存在着凯库勒型的电子共振。我们可以讨论下列(a)～(c)三种核构型：

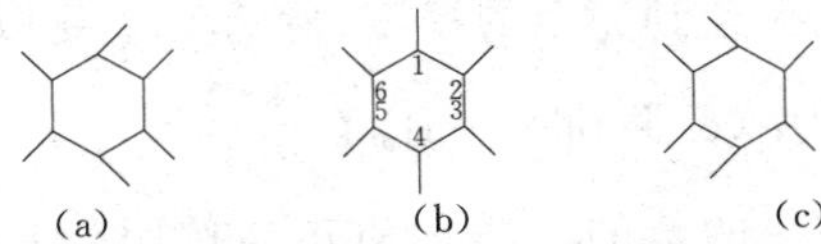

(a)　　(b)　　(c)

在构型(a)和(c)中，与取代基形成的键角交替地接近于 110°和 125°，与在环中出现交替单、双键的四面体模型相适应。在构型(b)中。则所有键角都是 120°。对于构型(a)来说，价键结构 Ⅰ 是稳定的，但由于在键角上所引起的应变，结构 Ⅱ 则不稳定。既然假设共振积分的值很小，那么这个能量的差别将使结构 Ⅱ 变成无关紧要的，对于这种核构型，基本上可以单独用凯库勒结构 Ⅰ 来表示分子的电子基态，与结构 Ⅱ 最多仅有微不足道的共振。

与此类似，对于构型(c)来说，只有结构 Ⅱ 具有意义。

中间构型(b)包含结构 Ⅰ 和 Ⅱ 之间的完全共振。既然建设共振能很小,而且就这种构型来说,Ⅰ 和 Ⅱ 两个结构都在键角方面存在着应变,因此构型(b)就不如(a)和(c)那么稳定。

因此这种假想的苯分子将主要以价键结构Ⅰ围绕构型(a)振动一些时间;然后可能通过构型(b),这里与结构Ⅱ的共振达到完全的程度;然后又主要以价键结构Ⅱ围绕着构型(c)振动一些时间。

这种假想的苯的化学性质正与按照价键结构Ⅰ和Ⅱ所预期的相同;的确,把这种苯作为这两个异构体或互变异构体的混合物来描述,应当是正确的。

因此我们可以照下列方式给互变异构和共振一个合理的定义:当一个(或若干个)电子共振积分值以及决定分子电子能函数的其他因子的大小达到这样程度,从而存在着两个或更多的很好确定的稳定核平衡构型,我们就说这个分子能够以互变异构的形式存在;当只有一个很好确定的稳定核平衡构型,而且不能用单一的价键结构来满意地表示电子状态时,我们就说这种分子是一个共振的分子。

用不太严谨的说法，就是互变异构物是两种具有不同构型的分子的混合物；但在一种表现有电子共振的物质中，一般说来它的所有分子都具有相同的构型和结构。

一种物质的每一个互变异构体也可能有电子共振；互变异构和共振并不是互不相容的。让我们以 5-甲基吡唑为例来讨论。这个化合物有如下的 A 和 B 两个互变异构体，二者之间的差别在于 N—H 原子位置的不同：

```
          H                          H
          |                          |
          C                          C
        /   \\                    //   \
  H—C         C—CH3          H—C         C—CH3
    ||        |                |         ||
   :N²———¹N:                 :N—————N:
             |                 |
             H                 H

          A                          B
```

这里每一个互变异构体的基态不可能用上述的通常价键结构来表示，仅能用一个在这种结构与其他结构之间共振的共振杂化体来表示。对于氢原子与氮原子 1 连接的互变异构体 A 来说，主要共振是在结构 AⅠ和 AⅡ之间，以 AⅠ较为重要；像 AⅢ等的其他结构也有较

小的贡献。互变异构体B也有着相类似的共振。因此对于两个互变异构体,主要的共振是在价键结构AⅠ和AⅡ之间:

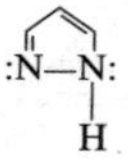

:N—N: (H)　　$^{-}$:N—N:$^{+}$ (H)　　:N—N:$^{+}$ (H)

AⅠ 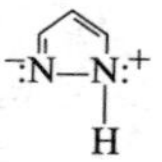　　AⅡ 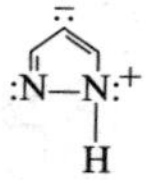　　AⅢ

对于A以Ⅰ较为重要,而对于B则以Ⅱ较为重要;但是如果(根据我们习惯上对电子共振的命名法)说甲基吡唑在下列两个结构

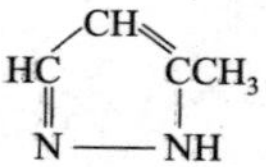

HC(=N)—CH=C(CH_3)—NH—N　和　HC(=HN)—CH=C(CH_3)—N—HN

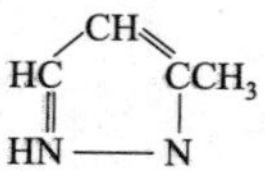

之间共振,则是不对的。

共振体系的组成结构的真实性

常常有人问起共振体系的组成结构(例如像苯分子的凯库勒结构),是否可以被认为具有真实性。这个问题,在某一个意义上可以给予正面的答案;但是如果认为结构具有通常的化学意义,答案却肯定是相反的。一

种在两个或两个以上的价键结构之间发生共振的物质里，具备这些结构所赋予的构型和性质的分子是不存在的。共振杂化体的组成结构在这个意义上是没有真实性的。

我们可以用另一种方式讨论这个问题。苯分子中原子的稳定平衡构型不是任何一个凯库勒结构所具有的构型，而是正六边形的中间构型。因此价键结构Ⅰ和Ⅱ的意义

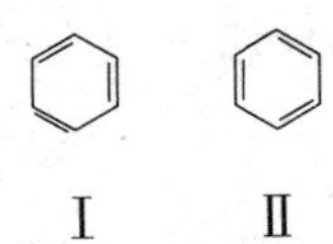

Ⅰ　　Ⅱ

与非共振分子的相应结构多少有些不同。它们意味着，电子运动相应于交替安排的单双键，但平衡的核间距离却保持(1.40 埃)不变，而不是在 1.54 埃和 1.38 埃之间变换。基态苯分子的电子波函数是由相应于凯库勒结构Ⅰ和Ⅱ的项所组成的，另外还加上其他一些项，因此，根据量子力学的基本观念——假若有可能通过对电子结构的实验来鉴定结构Ⅰ和结构Ⅱ，那么每一个结构对于分子的参与程度将由波函数所决定。对于苯和其他

呈现共振的分子来说,困难在于设计出一种能够足够迅速地进行而又能够甄别出所讨论的结构的实验测定方法。在苯分子中,凯库勒共振的频率只是略小于电子对的成键共振频率,因而能够用来进行这种试验的时间是很有限的。

大多数测定键型的方法都要牵涉原子核的运动。利用与羟基相邻近的位置上的取代反应(例如米尔斯-尼克森研究所用的方法)来测定双键性的化学方法便是一个例子。这种方法只能得出在反应发生的时间所形成的键型。既然这段时间远比通常电子共振的时间长得多,化学方法一般不能用来鉴定共振分子的组成结构。只有在共振频率很低(低于核振动的频率)的情况下,通常的方法才可能被用来鉴定这些组成结构,而在这种情况下我们已靠近或者甚至越过共振和互变异构的分界线了。

不能把上面的话理解为化学和物理的方法都不能用来作为推断共振结构性质的根据。这种推断是根据形成的键型,而不是根据对各个结构的直接鉴定。

共振概念的将来发展和应用

当我们把我们现在的结构化学知识和三十年以前的进行比较,并且认识到共振概念的广泛应用给这个知识领域带来的明晰性的程度以后,我们不由得要推测一下这种概念的将来发展与其可能进一步应用的性质。

共振概念在过去三十年中的应用主要是定性的。这仅仅是第一步;随着这一步,应当是具有定量意义的更细致的处理。某些粗略的定量考虑,例如关于原子间距离、键的部分离子性以及在几个价键结构之间共振的分子的共振能的一些想法,已经在本书以前各章中叙述过;但这些只是结构化学的广大领域中的一小部分。最终目标就是寻找一种能让人们对分子结构和性质作出定量预测的理论,尚远未达到。

本书内的讨论几乎完全限于基态分子的结构,很少涉及关于化学反应的机理和速度的那一部分化学,看来共振概念有可能在这一领域找到有效的应用。作为化学反应的中间阶段的"活化络合物",几乎没有例外的可以说是一种在几个价键结构之间共振的不稳定分子。因此,根据路易斯、奥尔森(Olson)和波兰尼(Polanyi)的理论,在烷基卤化物的水解作用中,瓦尔登(Walden)转化是通过如下机理进行的:

$$HO^- + \underset{R_2}{\overset{H}{R_1-C-I}} \longrightarrow \underset{R_1\quad R_2}{\overset{H}{HO-C-I}} \longrightarrow \underset{R_2}{\overset{H}{HO-C-R_1}} + I^-$$

这个活化络合物,可以说包含有碳的第四键在羟离子和碘化物离子之间的共振。艾林和波兰尼以及他们的同事及其他研究者会作出关于化学反应理论的很有意义的量子力学计算。我们希望,这种定量的工作能够做得更精确和更可靠一些;但是在这一点没有能有效地做到之前,仍然需要广泛发展化学反应的定性理论,这或许就要用共振的方式进行。

在科学上最使人感兴趣的一些问题是那些在生物学上重要的物质的结构和性质的问题。我很少怀疑,在这个领域内,共振和氢键具有巨大的意义,并且人们将会发现这两种结构特点在肌肉收缩、沿神经系统和在脑内刺激的传递等生理现象中起着重要的作用。一个共轭体系为把一个效应从一个长分子的一端传送到另一端提供出唯一的方式，而氢键则是唯一强而有方向性又能很快生效的分子之间的相互作用。要等许多年以后，我们对分子结构的认识才有可能详尽地包括像蛋白质这些具有高度选择性的物质，这些选择性(例如抗体所表现的)应当归功于这些物质具有相当确定而又复杂的分子结构；但是目前肯定可以应用现代结构化学的方法着手研究这些物质，我相信这种研究最终获得成功。

上面的一段是从本书第一版(1939 年)中照录下来的并未加以改变。过去十年中有关蛋白质的多肽链和核酸的多核苷酸链等结构的发现，大多是根据共振(酰胺、嘌呤、嘧啶的平面性)和氢键生成的考虑而得到的。我们可以问，在对生命本质的探讨中下一步工作将是什么？我想，我们应当设法阐明与脑组织的分子结构有关的心理活动所引起的电磁现象性质。我相信，无论是有意识或无意识的思维和短期记忆，都要牵涉与得自遗传或经验的长期记忆的分子(即物质的)定模和脑中电磁现象所产生的相互作用。这种电磁现象的性质是什么？分子定模的性质是什么？它们相互作用的机理又是什么？这些都是我们现在要努力解决的结构化学问题。

下　篇

学习资源

Learning Resources

扩展阅读

数字课程

思考题

阅读笔记

扩展阅读

书　名： 化学键的本质(全译本)

作　者： [美] 鲍林(Linus Pauling)　著

译　者： 卢嘉锡 黄耀曾 曾广植 陈元柱　等 译校

出版社： 北京大学出版社

全译本目录

数字课程

请扫描“科学元典”微信公众号二维码，收听音频。

思考题

1. 鲍林是怎样从小走上化学道路的,他在大学里从名师那里学到了什么?

2. 鲍林对科学和世界和平做出了哪些具体贡献?

3.《化学键的本质》为什么被视为“化学的《圣经》”?

4. 路易斯电子价键理论对鲍林建立自己的化学键理论起了什么作用?

5. 鲍林是如何吸收量子力学思想方法完善价键理论、提出杂化轨道理论的?

6．鲍林用共振观念研究单电子键和电子对键的思路是什么？

7．光谱与原子的电子结构之间有何关系？

8．如何用泡利不相容原理解释化学元素周期系？

9．共价键形成的形式规则是什么？

10．如何理解共振体系组成结构的真实性？

阅读笔记

科学元典丛书

已出书目

1	天体运行论	[波兰] 哥白尼
2	关于托勒密和哥白尼两大世界体系的对话	[意] 伽利略
3	心血运动论	[英] 威廉·哈维
4	薛定谔讲演录	[奥地利] 薛定谔
5	自然哲学之数学原理	[英] 牛顿
6	牛顿光学	[英] 牛顿
7	惠更斯光论（附《惠更斯评传》）	[荷兰] 惠更斯
8	怀疑的化学家	[英] 波义耳
9	化学哲学新体系	[英] 道尔顿
10	控制论	[美] 维纳
11	海陆的起源	[德] 魏格纳
12	物种起源（增订版）	[英] 达尔文
13	热的解析理论	[法] 傅立叶
14	化学基础论	[法] 拉瓦锡
15	笛卡儿几何	[法] 笛卡儿
16	狭义与广义相对论浅说	[美] 爱因斯坦
17	人类在自然界的位置（全译本）	[英] 赫胥黎
18	基因论	[美] 摩尔根
19	进化论与伦理学(全译本)(附《天演论》)	[英] 赫胥黎
20	从存在到演化	[比利时] 普里戈金
21	地质学原理	[英] 莱伊尔
22	人类的由来及性选择	[英] 达尔文
23	希尔伯特几何基础	[德] 希尔伯特
24	人类和动物的表情	[英] 达尔文
25	条件反射：动物高级神经活动	[俄] 巴甫洛夫
26	电磁通论	[英] 麦克斯韦
27	居里夫人文选	[法] 玛丽·居里
28	计算机与人脑	[美] 冯·诺伊曼
29	人有人的用处——控制论与社会	[美] 维纳
30	李比希文选	[德] 李比希
31	世界的和谐	[德] 开普勒
32	遗传学经典文选	[奥地利] 孟德尔 等
33	德布罗意文选	[法] 德布罗意
34	行为主义	[美] 华生
35	人类与动物心理学讲义	[德] 冯特
36	心理学原理	[美] 詹姆斯
37	大脑两半球机能讲义	[俄] 巴甫洛夫
38	相对论的意义：爱因斯坦在普林斯顿大学的演讲	[美] 爱因斯坦
39	关于两门新科学的对谈	[意] 伽利略
40	玻尔讲演录	[丹麦] 玻尔

41 动物和植物在家养下的变异 [英] 达尔文
42 攀援植物的运动和习性 [英] 达尔文
43 食虫植物 [英] 达尔文
44 宇宙发展史概论 [德] 康德
45 兰科植物的受精 [英] 达尔文
46 星云世界 [美] 哈勃
47 费米讲演录 [美] 费米
48 宇宙体系 [英] 牛顿
49 对称 [德] 外尔
50 植物的运动本领 [英] 达尔文
51 博弈论与经济行为（60 周年纪念版） [美] 冯·诺伊曼 摩根斯坦
52 生命是什么（附《我的世界观》） [奥地利] 薛定谔
53 同种植物的不同花型 [英] 达尔文
54 生命的奇迹 [德] 海克尔
55 阿基米德经典著作 [古希腊] 阿基米德
56 性心理学 [英] 霭理士
57 宇宙之谜 [德] 海克尔
58 植物界异花和自花受精的效果 [英] 达尔文
59 盖伦经典著作选 [古罗马] 盖伦
60 超穷数理论基础（茹尔丹 齐民友 注释） [德] 康托
化学键的本质 [美] 鲍林

科学元典丛书（彩图珍藏版）

自然哲学之数学原理（彩图珍藏版） [英] 牛顿
物种起源（彩图珍藏版）（附《进化论的十大猜想》） [英] 达尔文
狭义与广义相对论浅说（彩图珍藏版） [美] 爱因斯坦
关于两门新科学的对话（彩图珍藏版） [意] 伽利略

科学元典丛书（学生版）

1 天体运行论（学生版） [波兰] 哥白尼
2 关于两门新科学的对话（学生版） [意] 伽利略
3 笛卡儿几何（学生版） [法] 笛卡儿
4 自然哲学之数学原理（学生版） [英] 牛顿
5 化学基础论（学生版） [法] 拉瓦锡
6 物种起源（学生版） [英] 达尔文
7 基因论（学生版） [美] 摩尔根
8 居里夫人文选（学生版） [法] 玛丽·居里
9 狭义与广义相对论浅说（学生版） [美] 爱因斯坦
10 海陆的起源（学生版） [德] 魏格纳
11 生命是什么（学生版） [奥地利] 薛定谔
12 化学键的本质（学生版） [美] 鲍林
13 计算机与人脑（学生版） [美] 冯·诺伊曼
14 从存在到演化（学生版） [比利时] 普里戈金
15 九章算术（学生版） （汉）张苍 耿寿昌
16 几何原本（学生版） [古希腊] 欧几里得